U0928602

亲密关系的相处之道

刘晓霞 著

山东城市出版传媒集团·济南出版社

图书在版编目（CIP）数据

契约意识：亲密关系的相处之道 / 刘晓霞著．
—济南：济南出版社，2020.3（2021.7 重印）
ISBN 978 - 7 - 5488 - 4118 - 0

Ⅰ．①契…　Ⅱ．①刘…　Ⅲ．①关系心理学—研究
Ⅳ．①B84 - 069

中国版本图书馆 CIP 数据核字（2020）第 035358 号

契约意识——亲密关系的相处之道

出 版 人　崔　刚
责任编辑　丁洪玉　陈玉凤
装帧设计　焦萍萍
出版发行　济南出版社
地　　址　山东省济南市二环南路 1 号（250002）
电　　话　0531 - 86131729
网　　址　www. jnpub. com
经　　销　各地新华书店
印　　刷　阳信龙跃印务有限公司
版　　次　2020 年 7 月第 1 版
印　　次　2021 年 7 月第 2 次印刷
成品尺寸　148 毫米 ×210 毫米　32 开
印　　张　6. 25
字　　数　115 千
印　　数　1—2000
定　　价　49. 00 元

法律维权　0531 - 82600329

序

我是一个爱管闲事的人。或者说，我爱管的事，经常和我个人的利益没什么关系。记得读初中的时候，班里组织去敬老院看望老人。当时我和一位老人聊了起来，老人说，你们来了他们很好，你们走了他们就打我们。听了老人的话，原本开心的我瞬间愣住了，觉得老人们好可怜。我当时没有明白老人口中的“他们”指的是谁（现在也不太确定）。后来回到家里，我跟母亲诉说了这件事，母亲叹了口气说：“你是管不了的。”我趴在床上默默哭了很久，我在想：我真的帮不了什么吗？

是的，很多时候，我帮不了什么。比如，当看到有的家长对待孩子的方式简单粗暴，家长青筋暴起、斯文尽失，孩子在一旁哭得委屈，我真的很着急，很想去做点什么。可是，我凭什么身份呢？就算能，我一生才能帮助几个这样的孩子呢？

很小的时候，我便观察到一个现象，村里很多夫妻在交流的时候，眼神中是没有爱意的，彼此之间除了客气，就是毫不客气。他们之间不拉手、避免肢体接触、眼神中没有温柔，当着外人的面吼自己的另一半，好像这样才能显出自己的本事。这让我替他们感到恐慌，虽然年龄很小，但我本能地意识到，这不是婚姻应该有的样子，我觉得他们在这段关系中并不幸福。

那么，幸福的亲密关系应该是什么样子呢?

不论是亲子关系，还是伴侣关系，都不应当拒绝亲密、只是一味地索取和自私地占有，不应该将对方的人格肆无忌惮地踩在脚下。在我心里，它应该包含温柔的注视、自然的肢体接触、温和的包容和有力量的鼓励，它应当能容纳对方所有的脆弱，能抵挡外界所有的寒冷，能筑起一片小的天地，就像一条船可以停靠的安全海港。它不应当是一个人对另一个人的纵容或者忍受，而应当是彼此之间高质量的互相成就。

树因为一根藤的缠绕而更加伟岸，藤因为一棵树的伟岸而愈发舒展。

现在的我，已是孩子的母亲，依然会因为别人的不幸福而揪心不已，但不同的是，我已经可以帮助更多的人。因为，我做了十年大学心理学老师，也是一名国家二级心理咨询师。我热爱我的学生、热爱教育，踏上讲台如同进入神圣的殿堂。

它让我为自己说的每一句话负责，教我不断探寻真理，使我心中常存敬畏。我也因此获得了很多学生的信任，他们把我当成最信任的人，对我打开最深处的内心世界。我倾听他们最真实的声音，用专业的方式唤醒他们最好的心理状态，引导他们解决自己的问题。

心理学专业让人练就的基本功，是学会接纳人的多样化存在，也就是学会倾听而不是打断，学会共情而不是质疑，学会信任他人解决问题的能力而不是信任自己插手他人问题的能力。我的内心深处，还是小时候那个女侠，然而我拔刀相助的方式更为多样。内心那个女侠告诉我——写一本书，让更多的人听到你想说的话。

本书献给我的孩子。一个母亲能给予孩子的最重要的东西，无非是帮他建立一种自我安全感，在理性能力方面给他一种导向性的启蒙。他不是我的私有物品，我无权干涉他的人生，但我希望培育他的判断力和选择能力。同样，我也不是他永久的港湾，等他长大，他属于社会。孩子，希望社会是你的舞台，希望你是社会的优秀公民。

本书献给天下所有的孩子。每一个孩子，生而单纯，希望他们得到适合自己的家庭教育和学校教育，希望他们的父母能够发现孩子的独特气质，保护孩子的自我边界，并给予孩子合适的教育引导，以塑造他的完整自我，直到他成为一个自信的、有爱的、自我实现的人。

本书献给每个成年人内心深处的那个孩子。我们习惯于假装坚强——像个大人那样。其实，每个人内心深处，都藏着一个孩子，那是我们最脆弱的地方，只敢与最亲密的人分享。我们需要亲密关系，就像孩子眷恋母亲那样——温暖而安分。

晓霞

2019 年 6 月于济南

目 录

第一部分 亲密关系概述 / 1

一、爱与亲密关系 / 4

二、亲密关系的几种类型 / 10

三、亲密关系：成长的糖衣 / 11

第二部分 懂你——独特的气质类型 / 21

一、气质概述 / 24

二、四种气质类型特点 / 26

三、常见的气质组合 / 41

四、气质的观察评估

——以《西游记》师徒四人为例 / 45

五、不同气质类型在亲密关系中的表现与建议 / 50

第三部分　亲子关系及其相处技巧 / 57

一、亲子关系及其意义 / 59

二、当前社会亲子关系的常见问题 / 63

三、亲子问题：社会转型期价值冲突的结果 / 73

四、亲子互动的技巧 / 79

第四部分　伴侣关系及其相处技巧 / 115

一、伴侣关系及其意义 / 117

二、美满伴侣关系的要素 / 121

三、当前伴侣关系的现状与存在问题 / 127

四、伴侣关系的经营技巧 / 133

第五部分　自我意识、契约精神与亲密关系 / 161

一、契约意识：亲密关系的相处之道 / 164

二、自我意识：契约精神达成的前提 / 174

第一部分

亲密关系概述

《三联生活周刊》2017 年第 4 期讨论了一个话题——“我们真的拥有亲密关系吗?”面对这个话题，您是不是也会沉默许久，感慨良多?

最让我感触的两类事情，一是看到小孩子被家长吼得连哭带叫，而家长在一边像个疯子般歇斯底里；二是很多夫妻之间无法真正融洽，各说各话、互不理解，最后告诉自己的孩子，这就是婚姻的真相，结果把很多孩子吓出了恐婚症。当然，同样的事情也发生在一些人处理友情关系方面。

毕业这么多年，参加过很多场婚礼，但真的让人受到触动的，并不多。我跟一位婚庆公司老板探讨过这个问题。我问他有多少对新人在婚礼上给人的感觉是相爱的，是深情和甜蜜的。他想了几秒钟，遗憾地摇着头说：“比较少。”他说很多新人让人感觉并不相爱，并不亲密，而更像是因为其他原因走到一起。

这就是我们对于亲密关系的困惑吧！不仅婚姻关系如此，在友情、亲情中，人们对亲密的理解也都是五味杂陈的，既想要又不敢要。想要亲密是因为亲密是我们重要的社会支持，不敢要是因为一念天堂，一念地狱，如果无法驾驭好它，反而平添痛苦。实际上，问题不是因为爱，而是因为驾驭爱的能力。

什么是爱？什么是亲密关系？它们之间有什么关系？亲密关系，归根结底靠什么得以维系？

一、爱与亲密关系

“爱”与“亲密关系”之间，存在莫大的关联，但也不尽相同。

“爱”这个字比较抽象，指的是一种由内而外的丰满的情感体验。一般来说，我们会在两种情况下使用这个词。第一种情况，当我们想要疼爱和保护一个人的时候，我们会把这种强烈愿望称为爱。第二种情况，这种愿望虽然存在，但不易觉察，只在某些重要时刻才显现出来。比如，看到老年伴侣之间执手相握，并不是说老两口彼此瞅一眼仍然浑身发抖，或许从来也没怎么抖过，但是互相扶持了一生，我们把这种情感总结为爱。这两种情况，前者是产生关系的动机，后者是关系圆满的结果。这两种情况是爱的弹性所在。

有人提出一个伪概念，叫爱的保质期，号称爱的保质期比较短，后期全靠责任。我认为，这种说法逻辑混乱，观点偏颇，很容易误导青少年。

说它逻辑混乱，是因为爱本来就只是一个抽象的概念，而不是实物，如何说它有什么保质期？概念是没有保质期的，它是永恒的。比如，我们称一种东西为桌子，“桌子”这个词的保质期是多久？“桌子”这个词，保质期是永恒，而具体的“那张”桌子，须仔细爱护，否则使用的有效期会缩短。同理，“爱”没有保质期，它在人的内心是永恒的本能。但你和特定的那个人的关系，是有保质期的。

说它观点偏颇，是因为这是典型的“为赋新词强说愁”，本来是自我安慰的说辞，却拿来当真理去劝诫他人。实际上，任何情感都有自己的波动周期和波动规律，这种波动是生理的、心理的、社会的综合体，是多元的，而不是生理这个单一维度的。爱是一种情感，只要它对人不是一种伤害，而是一种社会支持，那它就没有理由消耗，相反，它应该随着时间的积累而变得愈发厚重。青少年应对亲密关系持积极的、建构的态度，任何一段关系都需要经营，需要用责任心和耐心来打磨，维持良好的互动，就完全可以给予彼此不带伤害的爱。

“亲密关系”这个词，比爱更具体。我们来介绍一下心理学家科奇勒提出的概念。他认为，亲密关系是建立在两个独立个体相互信任基础上的社会合作，或是具有不同目标的个体为实现他们的共同目标通过妥协而建立起来的关系。这个定义提示了几个要点。

第一，它可能是以信任为基础的社会合作。说句大白话，你喜欢这个人，觉得他靠谱，自然也就愿意发展长远的关系。

比如，朋友之间，两个人有共同话题；爱情中，彼此被对方的异性魅力吸引，并且愿意长期相处；婚姻中，两个人彼此认可，愿意组建家庭，一起生养后代，形成命运共同体；亲子关系中，无条件地关注孩子，知道他是一个独立个体，将来会有自己的生活，但是基于珍贵的血缘关系，内心总是牵挂他。以上几种亲密关系，是最典型的几类以信任为基础的社会关系。需要注意的是，所谓关系需要经营，指的就是彼此能够保持这种信任。

第二，它也可以是为了共同目标而做的一种妥协。比如，一般的同事关系或者因为共同抚养孩子而凝聚在一起的夫妻关系，等等。共同目标成为彼此亲密的一个现实连接点，就算彼此信任度不够好，但迫于眼前的共同目标，妥协一下也可以维系关系。

当然，如果仅仅迫于外部事务的压力，而缺乏情感和信任，恐怕也难以拥有真正的愉悦感。这就不难解释为什么有的关系只是短暂的、阶段性的——当共同的外在目标达成之后，双方的关系将因为缺乏足够的内在信任的支撑而变得松散，因为缺乏新的目标而变得迷惘。比如，中国人喜欢把成家作为人生的一个重要目标，仿佛一旦结了婚，一切就完美了。但很多人的问题是，婚是结了，接下来两个人要干吗呢？所谓的成家是缺乏意义和实质性内容的。于是，父母催着生孩子，两口子又开始忙孩子。孩子长大一些，两个人又没有生活内容了。于是，父母又开始催他们生二胎。二胎长大了，两个人也老了，也没有力气计较彼此爱不爱对方这件事了。这样的生活方式，算不上不好，因为很多按这种模式过了一辈子的老年人，走在大街上，互相搀扶，不得不说也是一种亲密。但这种生活方式也可能并不好，因为并不是所有老年人都愿意互相搀扶，很多人到了七八十岁，却非要离婚，这也算是一个人为所有的人活完之后，希望对自己的人生做一个最终的悲壮的交代吧！

但不得不说，“社会合作”一词为我们揭示了亲密关系的一个重要层面，那就是它的功能性。它并不仅仅是一份情感，还包含重要的行政功能。也就是说，有用。两个人有明确的共同目标，并且在实现目标的过程中分工合作，是一个利益共同体，达到双赢，而不是单方受益。这使得感情有所依托，并能够在合作中成长和成熟，而不至于空洞。因为一旦感情缺乏内容，稳定性也会大打折扣。因此，当双方都能够从关系中得到满足和收益，关系的稳定性就得到了保证。

第三，它是一种双向的、平等的关系。它不是单向的，更不是冷漠的。也就是说，它不是单方面的人格控制与服从，也不是单方面的自我牺牲，更不是平行线似的彼此孤立、缺乏心灵碰撞的冷漠，而是双方的尊重和配合，是对话的，是彼此观点互通的。我们当前普遍面临的最大问题，就是缺乏对话，或者是持续糟糕的对话。彼此无法对对方保持平等的尊重，无法接受对方和自己意见不同，无法接受对方遇到挫折时可以自己尝试站起来，每次试图靠近对方，却总是引起对方的不适。这是我们的“亲密关系”长期以来存在的问题。

第四，它存在于两个拥有独立人格的个体之间。独立意味着界限感。界限感意味着能够较好地自我管理、尊重他人，不让自己的负面情绪干扰他人，能够包容、识大体，能够理性沟通，能够接纳爱，也能够给予爱。人格不够独立的人，缺乏安全感，容易把焦虑情绪转嫁给他人，相处起来让人觉得非常累。

另外，独立性是相对于依附性而言的，拥有成熟的独立人格的个体，才可以为自己的选择负责，才会在外界纷乱的舆论中保持内心的确定性，不会因价值观摇摆而影响亲密关系。比如，有一种男性被称为“妈宝男”，这种男性是没有独立人格的，母亲的意志在很大程度上控制了他的人格，他很难有自己独立的意志，更难按自己的意志来行动。这种缺乏独立人格的人，没有足够的驾驭亲密关系的能力，他和伴侣之间的很多矛盾，也往往来自母亲的过度干预。

总之，“爱”和亲密关系之间，有万种联系，但绝不等同。也就是说，爱可以是我们心血来潮时的情话，是我们对这段关系的抽象总结，但不是时时刻刻都头脑充血的一种感受和体验，所以不要问对方爱不爱你，也不要质疑自己爱不爱对方，这就如同问你幸不幸福一样，抽象莫测、难以言表。对于亲密关系来说，最高贵的内核，不是嘴里说出来的“爱”，而是人格的平等、尊重和互为促进。也就是说，互相接纳对方，连同附带的所有事务、关系一并接纳，在彼此面前展现真实、完整的人格，彼此互相支持，并且因为彼此的结合和磨合，成为更好的自己。求同，而存异；存异，而求同，是为亲密关系。

然而，在当前时代下，“爱”在生活中名不副实的居多。它或许是说服他人的最好说辞，或许是强加意志最冠冕堂皇的借口，“因为我爱你，所以你要听我的”，或者“我这么爱你，你却不爱我，你对不起我”，等等。也就是说，在现实生活中，很多人会以“爱”为说辞，给对方扣上道德帽子，这是最为残忍的，也是最为无知的。我们应当关心的最核心问题，不是谁爱不爱谁的问题，而是我们如何更好地实现沟通和共存的问题。只要能合理共存，就是最好的关系。一句话，别拿爱来说事，或许你根本不知道爱为何物。

具体来说，亲密关系的相处之道，无非在于拿捏一种最好的亲密距离，在亲密和尊重之间，拿捏一种平衡，把握好交往尺度——亲密的时候，可以肆无忌惮；出现分歧的时候，能够相敬如宾。然而很可惜的是，现实生活中，多少关系死在了该亲密时的相敬如宾和分歧来临时的肆无忌惮！

能亲密、能独立，是最深厚、最持久的关系。孔子说，很多人是“近之则不逊、远之则怨”，这句话，值得人们细细品味。

二、亲密关系的几种类型

广义的亲密关系有三种类型——以自然血缘为基础的亲密关系，以社会契约为维系方式的亲密关系，以法律为维系方式的亲密关系。

第一种，以自然血缘为基础的亲密关系。如亲子、兄弟姐妹等，这种关系属于以血缘为基础的关系。血缘是一种天生的关系黏合剂，让人有一种自然的归属感。哪怕争吵得再厉害，血缘基础的关系都是你内心最在乎的情感。它是一种刻在骨子里的安全感，基于血缘关系的人可以无条件接纳你所有的一切。以血缘为基础的关系是最稳定的，因为这是别无选择、独一无二、不可替代的。

第二种，以社会契约为维系方式的亲密关系。即以双方的契约为基础的亲密关系，比如朋友关系、恋人关系、合作关系，等等。我们之所以说君子之交淡如水，就是因为真正的朋友是清白如水的，他们不以利交，彼此尊重，求同存异，可以保持距离而不以为冷淡，可以倾吐心事而不会忘记自己才是内心世界的负责人，所以这种友情是比较长久的。

第三种，以法律为维系方式的亲密关系。比如，国家和公民的关系是法律规定的，也是受法律保护的，而不是个人契约决定的。军队和监狱是保护这种关系秩序的工具。

狭义的亲密关系一般指前两种。

三、亲密关系：成长的糖衣

人们对于亲密关系的最初印象，往往来自小时候对成年世界的观察。此后这个印象会一直存留在潜意识中，甚至影响人们所有重要的人际决定，并影响人们的自我认知。直到这个印象被打破，人才能实现阶段性的成长。如同心理学家温尼科特所说：人只有在丰满的关系中才能成长。

我国著名的社会学家费孝通先生，在《乡土中国》一书中，把中国乡土社会的特点描述得通俗而到位。作为传统中国乡土社会成长起来的孩子，我在费孝通先生的书里看到了我之前看到过的社会关系，这其中既包括夫妻之间不易觉察的互相关爱，也包括一些我从小到大一直不理解的比较夸张的社会现象。

比如，儿时的我非常不理解为什么有的男人在外人面前可以尽情数落自己的老婆，大有把老婆的尊严践踏到尘埃里的浮夸的霸道，似乎越是这样越能彰显自己作为男人的尊严和气概。有些男人则会当着孩子的面，跟自己的老婆剧烈撕扯。尽管有的夫妻不具有攻击性，然而却又表现得异常冷淡，仿佛两个人之间永远都不需要有任何身体的亲密接触，或者眼神注视，如果强迫夫妻拉手，不仅看起来极其别扭，他们甚至会故意表现出极其厌恶的样子，以掩饰自己内心深处的期待。然而，具有强烈反差的是，在闹别人家洞房的时候，大家眼神里的肆无忌惮和行动上对于性禁忌的打破尺度却让我一个旁观的儿童感到难堪、瞠目结舌甚至愤怒。

这是我对于两性关系的最早困惑，我相信很多人会跟我有同样的感受。我不明白的是，为什么很多夫妻之间不能够好好交流，而总是充斥着冷漠、暴力和哭泣，仿佛对方是他们在这个世界上最讨厌的一个人。那既然如此，为什么当初会挑选一个自己最讨厌的人来一起生活？既然选择了对方，那对方一定有可取之处，为什么不维系好这个可取之处，并且加以珍惜，而要得寸进尺、贪婪霸道和肆无忌惮地践踏对方？既然过不好，为何又不分开？更重要的是，不分开也就罢了，还要说“我是为了孩子才勉强跟你在一起”。孩子听到这句话绝对不会感激，反而会觉得心理压力好大——一不小心成了坏的家庭气氛的替罪羊，“原来我这么重要，那我一定可以把他们哄开心”。于是，孩子在负罪感下表现得过分乖巧听话、表面成熟，以期待能够换来大人的开心。然而，不管孩子如何极尽讨好地听话、表现优秀，却发现不仅大人并没有因此而开心，自己还在无形中形成了讨好型人格，导致人际焦虑和障碍（还以为自己是性格内向）。

这就是不良的亲子关系给儿童带来的心理连锁反应，而且只是冰山一角。在上述情况下，孩子被迫成了大人，而大人却幼稚得像孩子，一边说着“小孩子懂什么”，一边却像孩子一样用最混乱和低效的方式去跟另一半讲话，给孩子造成非常坏的影响。为什么有的人会社交恐惧、婚姻恐惧、过分胆小、脾气暴躁、过度分析、自我放弃……一切皆源于不良的亲子关系。这种事情，我们看到了太多。其实这些事情原本可以最大程度地避免，我们完全可以经营好自己，经营好亲密关系，那个当替罪羊的孩子也可以重新明确哪是自己的人生，哪是别人的人生，而自己只需经营好自己，并没有资格和能力干预别人的人生——哪怕他们是自己的父母。

虽然开篇基调有点灰暗，但我相信很多读者会有一些共鸣。对于青年人来说，他们需要见过美满婚姻的样子，才知道如何鉴别美满的亲密关系，才敢于迈进一段关系并且有耐心去经营。人是社会的产物，人的幸福大部分取决于亲密关系的质量。而我们看到的是，很多人长大后缺乏安全感，过分向往爱情却恐惧婚姻，与朋友相处把握不好亲密与尊重的尺度，常常在各种亲密关系中碰得头破血流，而此时他才知道，他的亲密能力竟然完全不及格，需要重修。

实际上，这一切原本该由父母言传身教的，孩子耳濡目染，无须刻意学习。这也是本书立意为“写给孩子”的原因。作为教育工作者和心理咨询师，我遇到了太多类似的案例。不管是大学生对于爱情的迷惘，还是对于自我认知的困惑，无不反映出我们长期以来对亲密关系教育的缺失。我们不懂关系，也就不懂关系中的自己。我希望人们就算没有从身边看到过美满的亲密关系，也能从书中读到它。我希望孩子们可以懂得亲密关系及其相处之道，少浪费一些时间去思考这种最基础的事情，多安排时间来做更有效、更重要的事情。

亲密关系，是人一生中最重要的精神支撑。如果说成长是伴随坎坷的，那亲密关系就是成长的糖衣，爱是我们坚持下来的理由。多少次，我们跌倒，身边总有人说：“没关系，你可以的！”我们接受了这份来自他人的信任，爬起来继续坚持下去。我永远不会忘记三四岁的时候，有一次我委屈得一直哭，妈妈说“想哭就哭吧”，于是我趴在她的肩头痛快地大哭。我也不会忘记高中时，有一次我隐瞒了真实的考试成绩，后来给父亲写信坦白了一切，而父亲回了一封信，原谅了我，并且告诉我他上中学时的荣耀和失意。我被那份信任感动，在被窝里偷偷哭了很久，并且立志一定要成为让父母骄傲的人。

当这种外界的友善一再出现，我们慢慢学会了自我相信和自我调整，亲密关系带来的精神支撑，内化成了我们人格的一部分，帮助我们自我调整和实现成长，而不是一直停滞，甚至退化。

有一段时间，我发现，过去的事情，我会慢慢淡忘，不管是开心的还是不开心的。于是，我给自己买了一个漂流瓶，用粉红色的小纸条记录人生中的一些重要时刻。当我闲下来，从瓶子里随机取出一个卷起来的小纸条，读到某年某月某日自己的心情，那种感觉，是生命的厚重。我害怕忘记，所以我记下来。我需要在回味人生的时候，能够记起那些细节，而不是一团模糊。有的人长期保留着记日记的习惯，我认为这样的人，是对生命珍惜到极致的人，内心是极其柔软却最有力量的。

人都有不足，我希望在自己不够好的时候，甚至处于人生低谷的时候，依然有人陪在我身边。他不揭穿我，但他满怀关爱，那他一定是我人生中，可以燎原积极能量的星星之火。感谢这些贵人，出现在我的生命里，成就了今天的我！这是人生最厚重的大礼。我想，当我的人生达成圆满的时候，我会因此而感到满足、厚重，感到不负此生。

我见过那种最不开心的人——虽然他并没有不开心到精神崩溃的程度——他勉强维持着正常的精神状态，但他的人格却极其扭曲。比如，一位朋友的母亲，人格扭曲到让别人极其痛苦而她却不自知的程度。有一天，这位朋友找到我，说必须见我一面，跟我聊一件重要的事。我们恐怕无论如何也不会想到，他想杀掉他的母亲，因为他的忍耐已经到了极限。他在做这件事之前想跟我聊一次，如果我能说服他，他就放弃这个想法；如果我不能，他再做这件事也不迟。我听了之后，真的惊出一身冷汗。我听到他的诉求之后，赶紧驱车过去，聊了四个小时，终于使他放弃了这个可怕的念头。很多人在听到这样的事情之后，本能地会持有一种站着说话不腰疼的想法，比如，“现在的孩子越来越不好管了”“父母养你容易吗，你这样报复他们”之类的。而心理学工作者的义务，是暂时抛却既有的社会道德标尺，专注于当事人的内心活动，完善他对事情的认知，最终调整他当前的情绪和行为。我认为，那些不了解对方的心理活动和事情的来龙去脉，只根据表面现象，去简单粗暴地给一个人贴标签的行为，是最无知、粗鲁和暴力的行为，不仅不能解决问题，反而会使矛盾更加激化。解决人际矛盾的首要方式，是安静下来，去倾听他，理解他，然后才是去开阔其视野，以至于能够调整他。那些粗鲁地给人贴上“不道德”标签的人，你们可知道，这人自己也承受着巨大的痛苦，在各种沟通不能之后，才最终想要以这样的方式解决问题。他知道自己不道德，知道自己会被判刑入狱，知道自己的未来全部都会因此而毁掉，但他觉得没有人可以打破这一切，唯有他自己。你不觉得他悲壮、可怜吗？谁来救救他？古人说，千里之堤，溃于蚁穴，我就是要告诉每个人，这个蚁穴是什么，我们不要让人生被那个小小的蚁穴给毁掉，这便是我的初衷。

刚才我说到，他的母亲是一个人格扭曲的人，导致他承受了极大的痛苦。人格和情绪是存在明显的代际传递的。我的这位朋友最纠结的是，为什么他的母亲不爱他，宁可信任陌生人也不信任他，还要毁掉他的事业和爱情？他到底哪里做错了？为什么无论他做何种努力，都无法取悦他的母亲？很明显他的情绪集中在他和母亲之间的不良循环上，当我大胆猜测和分析了他母亲的成长环境后，他才意识到，人是环境的产物——不是他取悦不了母亲，而是母亲有自己的成长环境和人生轨迹，他没有能力干预。不是他不够好，而是母亲一直没有能力从原生家庭的创伤中跳出来，导致对外部世界不信任，对任何人都是怀疑和利用，而不敢投入任何一丝真感情。别说他是独生子，就算他母亲再生十个八个孩子，她都一样对待，这是她的人格，也是她注定不招人喜欢的地方。他最需要关注的事情，是如何打理好自己的人生，而不是去在乎别人如何干预自己的人生。经过四个小时的深聊，我终于看到他原本冰冷的脸上，出现了一丝轻松的神情，随着他长舒一口气，我悬着的心也放了下来。

事情严重到这个程度，一定是个例，但是孩子内心因为父母的不良人格而感到痛苦，甚至自己也跟着一起扭曲的，绝对不是个例。我们一生要做的很多事情，成功与否，人格健康是一个最基本的推动要素。人格往往是在成长中潜移默化形成的，是润物细无声地一点点学来的。心理学家常说，孩子的问题都是父母的问题。这话父母听了或许觉得委屈，但很多重要问题的确可以从这里得到溯源。当然，我们不能把责任完全抛给父母，因为人的自我调整同样是成长中不可或缺的要素，甚至在成年后，自我调整成为首要因素。如果我们只是他人的影子，那人类世界就不会发展。恰恰因为我们可以成为自己人格的主人，历史的发展才显得伟大。

当然，当我们作为别人的客体时，如何能够赢得对方的心，是值得我们深刻反思的问题。一段关系的建立、维持、破裂或者挽回，取决于双方的互动质量。每一个人都要深刻反思自己，是否与对方进行了科学的、高质量的互动。只有认真完成这个步骤，事情才可能往良性的方向发展，甚至从某种意义上说，在充分共情和良性互动的基础上，没有谁的态度是不可逆转的。

因此，关于人的事情，一定是一个动态变化的过程。亲密关系也是。不要把话说得太绝对，不要把自己看得太绝对。价值的权衡是动态的，也是可以追求的，只要你的筹码增加到一定程度，就可以吸引他人的积极关注。如果你的筹码不够，那只能暂时落后。不要随便给别人贴标签，也不要随便给自己贴标签。要摸清楚对方的需求是什么，知道自己能给予的是什么，双方的天平在什么情况下可以达成某种平衡。人处理亲密关系的能力，也是需要不断学习的。

每个人内心都有一个孩子，当你闭上眼睛，感受自己的内心，他就会出现。放松下来，去感受：我究竟是谁？我有哪些面？那个最脆弱和无助的自己，在脑海中是什么样子的？大约多大年龄？什么性别？什么状态？如果此刻你脑海中出现了一个比较清晰的形象，那就是你人格中的内在小孩，也就是你最不成熟的时候会有的样子。跟他对话，倾听他，拥抱他，鼓励他，他就会长大，你也会长大。那我们如果不长大，会怎样呢？答案是，会因为在亲密关系中充满了焦虑或者冷漠，而很容易亲手葬送掉一段原本可以处理得不错的关系。这是一个普遍现象，一直以来，我们确实都不怎么懂沟通。

心理学家用“依恋方式”这个词来描述一个人成长过程中形成的面对亲密关系的处理方式和类型，把人的依恋方式分为三种类型：安全型依恋、焦虑型依恋、回避型依恋。这三种类型不仅可以描述亲子关系，还可以描述爱情关系、朋友关系和同事关系等所有亲密关系；不仅可以描述儿童，还可以描述成年人。它是一个连贯的过程，是人格成长的一部分，是每个人内在小孩成长的表现。

安全型依恋的人，既能保持亲密，又能接受独处和分离。他会有亲密的朋友，能够给予爱，敢于接受爱，让人感觉亲密而温暖，同时又能够在独处的时候保持正常的情绪，安排好独处的生活。他不会因为失去一段关系而寻死觅活——如同失去救命稻草一般。他会有正常的悲伤情绪，但他会积极调整自己独处时的状态。

焦虑型依恋的人，无法忍受独处。分离会使他焦虑无比，哪怕对方在身边，他也依然会感到孤独和强烈的焦虑，而且把这种焦虑传递给身边的人，所以和他相处会特别累、特别耗神，往往他的亲密关系也会因为他的不安全感而被毁掉。生活中，有的人一旦失恋就真的寻死觅活，往往未必是因为太爱对方，而是自己太害怕失去。如果一个人内心的自我安全感太少，甚至连自己的精神都无法维持，就不要谈给予他人安全感和接住他人的情绪，也就不具备经营亲密关系的能力。

回避型依恋的人，对亲密感很回避，无法给其他人亲密感，仿佛他也不需要任何亲密感。跟他在一起，会觉得自己不被需要，无法获得情感上的存在感，这段亲密关系形同虚设、有名无实。他不仅不能给予亲密感，而且也无法接受对方的亲密表达。其实这是对亲密需要的一种压抑，他能感觉到焦虑，但表达不出来。

这三种类型中，安全型依恋的人最容易经营好亲密关系，本书尝试阐述的，也恰恰是如何成为一个安全型依恋的人，让亲密关系真正成为每个人的享受，而不是尴尬；让每个人在遇见人生坎坷的时候，都能够有爱可以依靠，能够重振旗鼓，奋起直追，砥砺前行，不负人生！

第二部分

懂你——独特的气质类型

其实，人和人能相处得好，一方面取决于价值观的相似，能聊得来，另一方面，取决于相处模式。只要价值观差异不是特别大，那么两个人的相处模式就是维系关系的根本。能够互动，愿意相处，首先取决于发自内心地理解对方，愿意接纳对方。

你真的理解对方吗？在他说出某句话的时候，你是否经常在内心是不屑的，觉得他幼稚、可笑？还是说，你习惯于相信他说的话或许有道理，先听一听。如果两个人彼此是第一种本能反应，那么一定沟通不来，因为你的前提首先就错了——你否定了他。

两个人之间相处，不是要去肯定这一方，或者倒向那一方，而是要为“关系”负责，既尊重自己的想法，又试着去理解对方的想法，带着温情去商讨，认真地看着对方的眼睛，用手抚摸着对方的脸颊、握着对方的手心，来做出最终的决定。在这种状态下，不管做什么样的决定，双方都是舒服的，都是有存在感的，也就是我们说的爱对方，又不卑微。

那我们如何做到理解对方呢？人和人之间，总有不同的地方，或许是家庭背景形成的做事习惯，或许是工作环境造成的行事方式。而我们要说的，是人与生俱来的人格差异，心理学术语叫作“气质”。懂得了这些，你就会发现，他天生如此，甚至此生如此，因为他独特的气质类型，造就了他身上有异于他人的独特魅力，也造成了他难以克服的某种弱点和软肋。理解、包容和接纳他的全部，而不是接纳他的局部，才是真的爱他这个人。

一、气质概述

古希腊有一个医生，被西方称为“医学之父”，他叫希波克拉底。他在行医过程中，发现人和人之间个性不同，相应的身体健康状况也不同，有的个性容易得这个病，有的个性容易得那个病，非常有规律。于是，他把人的身心状态进行了分类。那时候没有解剖学，于是他就构想，人体内可能有四种体液——血液、黄胆汁、黏液、黑胆汁。血液占优势的人，属于“多血质”，黄胆汁占优势的人，属于“胆汁质”；黏液占优势的人，属于“黏液质”；黑胆汁占优势的人，属人“抑郁质”。

就这样，多血质、胆汁质、黏液质和抑郁质四种气质类型诞生了。这种划分方式至今无人超越。但凡有人对人的气质进行分类，一般都绕不开这四种类型。前几年，国内有人把性格做了某种四型划分，称自己是原创，却被学界称为新瓶装旧酒，可见希波克拉底的气质类型说的分量。

其实，按体液划分人格，其依据的科学性肯定是不好判定的。因此，后来巴甫洛夫重新进行了解释，认为可以按照人的高级神经活动类型来区分这四者。于是，多血质又叫活泼型，其神经活动快而灵活，过于猛烈的情绪反应比较少，情绪整体相对稳定；胆汁质又叫不可遏制型，也有学者称为力量型，其神经活动快速而猛烈，情绪易被激起而不易自我克制，起伏比较大；黏液质又叫安静型，情绪慢而稳定，不易兴奋也不会过分抑制，稳定性好；抑郁质又叫弱型，情绪深沉而容易悲观（中性词，后文解释），兴奋性比较弱，自我抑制性比较强，内在情绪也会有比较大的起伏。

这四种特点，每个人身上都有。所谓类型，指的是个体身上最明显的那种特点。用气质类型来解释人的行为，我们会发现其解释力非常强。同时我们又要注意，所谓类型，只是一种相对的静态，而人是反思的、发展的，在与外界的互动中不断成熟和建构自己的。人骨子里的气质类型或许不易改变，但对外界的态度是变化的，与外界互动时的表达方式是可以微调的。因此，在亲密关系中，我们更应当注意的是，可以把类型作为理解彼此的切入点，但不应当用类型去对一个人在现实生活中的表现进行评价，不应当用类型来歧视和否定他人，不应当对关系的理解因类型而受到约束。总之，类型是我们借鉴的跳板，而不应当成为沟通失败的最终理由。这一点是必须权衡好的。

另外，气质类型本身并无好坏之分，它体现的只是一个人的风格、脾气秉性。它与道德、成就无关，所有类型的人经过合适的教育引导，都可以发挥出巨大的优势，绽放光芒；而如果不经打磨，也都会沦为平庸之人，教育不当甚至也都有可能成为社会的反叛分子。

生活中很多人试图用血型、星座、属相、生辰、面相、手相、骨相等某种生理因素来解释人的个性甚至命运，结果却往往难以令人满意。首先，哪怕是“周易大师”都会告诉你，人的命运是处在变化中的，不是说某种生辰或相貌的人，就注定了某种命运。其次，所谓命运，不过是你以什么样的态度去对待外界和他人，从而收到什么样的反馈，某种反馈多了，你就会称它为命运，而实际上是自己某一方面一直没变，所以来自外界的某种反馈一直存在——仅此而已。

当你的态度变了，他人会感受到你的变化，因此整个世界反馈给你的命运也就变了。这种反馈，往往来得非常快。命运，其实是自己的投射。

二、四种气质类型特点

那么，我们就来说说不同气质类型的本能特点，这样就可以了解为什么自己容易获得某种“命运”反馈，也可以弄清楚为什么对方是那样的，更好地理解彼此，更好地形成关系。

著名的艾森克人格问卷（Eysenck Personality Questionnaire，EPQ）将气质类型用内外向和情绪稳定性两个维度来进行划分，四个象限可以区分开四种基本的气质类型。所谓内外向，指的是能量的释放方向。外向的人喜欢说话，喜欢与人交流，而内向的人更喜欢思考，不擅长说出来。所谓情绪稳定性，指的是情绪的起伏幅度。多血质是外向而情绪稳定型，胆汁质是外向而情绪不稳定型，黏液质是内向而情绪稳定型，抑郁质是内向而情绪不稳定型。胆汁质容易有高昂的激情，抑郁质经常有深沉的激情，这一高一低距离情绪零点都有很大的落差，因此我们称其为情绪不稳定。

（一）多血质

有一类人，天生爱笑、爱闹，为人友好和善，亲社会性强，相处起来宜人轻松，爱开玩笑，动作轻盈，很少有过激行为，也很少对生活抱有不切实际的期望，容易满足，喜欢平和的生活，遇到问题也会从容应对，不会情绪化，非常适合做行政管理工作，也非常适合做销售工作，与人打交道是他的强项，包括一些非常复杂的谈判场合。从情绪上来说，他们不容易愤怒、忧伤，也不会看起来冷淡。他们为人比较热情，生动活泼，看似神经大条、疯疯癫癫，但实际上思路非常清晰，很少会情绪失控，行为往往都在理性控制范围之内。这类人就属于多血质。

之所以很少情绪失控，是因为：第一，他们爱说话，情绪很容易表达出来，很难积攒到爆发的地步；第二，他们兴趣爱好比较广泛，不易在同一个地方过分积攒情绪；第三，他们虽然活泼，但神经并不亢奋，攻击性弱，看待问题、做事情能够留有余地，永远都不会把事情做绝。

多血质的典型代表人物有电视剧《还珠格格》中赵薇饰演的小燕子、湖南卫视主持人谢娜、央视主持人方琼、演员黄渤等。我们需要多血质的人，因为生活并不总是美好的，多血质的人总能让人感到轻松和欢乐，至少他们不会人为地制造焦虑。如果少了多血质的人，这个世界未免过于严肃和沉重。因此，多血质的人天生适合调节气氛，也是与生俱来的销售大师。同时，多血质的人担任管理者也往往特别能笼络人心。

人际交往能力是这类人的优势潜能。首先，多血质的人没有社交焦虑，越在人多的地方反而越放松、愉悦，不会感觉过分紧张，俗称“人来疯”。其次，多血质的人对他人比较友好，喜欢关心他人（但关心太多了也会显得有点八卦），所以得到的回馈也是比较友好的。多血质的人喜欢制造快乐，不喜欢记仇，遇事喜欢体谅他人，也喜欢宽恕自己，所以心态平和，相处起来很轻松。总之，多血质的人特别容易和他人打成一片，有天生的亲和力和暖场能力。他们不愁说话，或者说他们最喜欢的就是说话，喜欢热闹，喜欢开心、幽默，因此总能让人感觉到愉悦。

然而并不是所有人都喜欢他们——喜欢安静的人和他们相处久了会嫌吵，喜欢严肃的人也会不太理解他们对什么都嘻嘻哈哈，喜欢深沉的人或多或少会觉得他们浮于表面。不过，整体上来说，多血质的人人缘还是不错的，朋友比较多，敌人非常少（除非涉及利益关系）。

在情感和思维上，多血质的人喜欢浅尝辄止，喜欢简单的快乐，讨厌深刻和悲观，倒是难得糊涂、难得逍遥。但不得不说，多血质的人并不是研究型的，他们可以什么都聊上两句，但不太能做到针对某一个点细细展开。在情感上也是一样，多血质的人朋友数量多，但能够深入交流的少；哪怕是再亲密的关系，多血质的人也比较喜欢独立一些，过分亲密会让他们感觉不太舒服。

同样是外向型，多血质和胆汁质的一个很大区别在于，多血质的人比较灵活，不会有太多明显的原则性。或者可以说，只要不是杀父之仇、夺妻之恨，一般不太容易试探到他们的底线，对于人和事物也不会有绝对的爱恨情仇。多血质的人不喜欢把事情做绝，不喜欢和人彻底撕破脸，凡事留有余地，有的人会觉得他们缺乏鲜明的立场，但这个特点也有好的一面，那就是凡事总能补救，而不至于不好收场、不好挽回。

他们信仰曲线救国的以柔克刚，不喜欢直戳要害的尖锐。在辩论时，多血质的人不喜欢按套路出牌，喜欢转移阵地的游击战，就像玩太极一样，不太喜欢正面回答问题。这种人的好处是不会太钻牛角尖，坏处是容易回避问题，也容易忽视他人的感受，给人一种拳头打在棉花上的不痛快感。想跟多血质的人痛快地交换意见，就要把问题直接甩出来，并且反复要求其简要正面地回答问题。因为多血质的人原则性不明显，所以一般来说，在小事上，多血质的人都是可以让步的，你只需要软磨硬泡、多说几次即可，而且不需要给出理由。即使他们第一遍拒绝得比较强硬，第二遍态度也就软了，第三遍往往就答应了，如果超过四遍还不答应，那就说明事情确实比较严肃，需要给出充分的理由才可以。

当然，真正在谈判的时候，因为多血质的人能够多方面地思考问题，所以往往也能找到对方的软肋，直击要害。

虽然在多血质的人眼里，大部分事情都是小事，但绝不意味着他们是对钱糊涂的人。多血质的人看似大方，实际上绝不做赔本买卖，算账非常清楚，是理智的生意人。

需要提醒感情细腻的人一件事，多血质的人朋友数量很多，不止你一个。多血质的人对待周围的人态度比较折中，不会过分倾向谁，也不会过分忽视谁，如果误以为他们的友好是单独针对你一个人的，那往往会受伤。当然，在人群中容易被忽视的人，在多血质的人这里同样也会得到一定的关注。总之，多血质的人是友好的，很少有敌人。

如果你是一个言出必行的人，那要提醒一下，对于多血质的人做出的小承诺不要抱有绝对期望，因为他们在小事上的很多决定并不是深思熟虑的结果，而是随心而定，也会随着情况的变化随时调整，所以，如遇关键时刻，请再次确认。

如何判断一个人是不是属于多血质呢？首先想一想：他是否太有喜感，娱乐能力很强，以至你很容易被他逗乐？然后想一想：他是否特别爱说、爱笑、爱闹，闹起来不容易试探到他的底线？也就是说开玩笑不容易生气。如果是，基本可以断定他的多血质特点是明显的。多血质的人特别爱说话，以至有的人会觉得他们废话比较多，但是他们毫不介意别人的评价，觉得自己开心就好。另外，多血质的人表情总是很愉悦、放松，从不过分严肃，也不过分忧伤。他们走路会蹦蹦跳跳的，十分可爱，肢体动作多而琐碎，显得活泼有余而稳重不足。多血质的人喜欢简单的快乐，讨厌深刻和悲观。

（二）胆汁质

胆汁质和多血质的人都是外向型的人，然而他们很大的不同之处在于，胆汁质的人情绪不是欢快，而是亢奋和激动，这意味着他们的原则性比较强，尽管有时候也很爱闹、很爱笑，但别人很容易可以观察到他们开玩笑是有底线的，他们较真、易怒、控制欲强。

因此，有的学者也称胆汁质为力量型，胆汁质的人内心能量是巨大的。他们的最佳状态是激情状态，在该状态下可以创作出非常棒的作品，但在非激情状态下，他们往往严重缺乏创作动力。另外，他们其实不太能适应平静的生活，他们内心总是一再激起波澜。这很美妙，但也会给他们的人际交往带来困扰。胆汁质的人适合哪类工作？——他们爱什么，就适合干什么。他们的能量释放方式是爆发式的，发生得快而猛烈，如果后劲充足，他们就会展现出旁人难以想象的强烈专注状态，像废寝忘食的工作狂人，也就意味着他们当前获得的灵感和付出的努力是超越众人的，因此他们很容易在同行中成为出类拔萃的顶尖人物。

说到这里，我想列举几个典型代表人物——巴西总统罗塞夫、演员范冰冰、相声演员郭德纲、舞蹈家金星等。他们都拥有热血的内心，做事情有股倔脾气，也都是行业中的精英。

但胆汁质的人也可能不是精英而只是普通人——当他们空有一身能量，却没有找到那个唯一的事业出口时，能量就是涣散的，整个人就是无法专心、焦躁不安的。这时候，在别人看来，他们只是坏脾气、懒散的普通人而已。而且，如果他们不喜欢某种工作，真的会很懈怠，做事情的结果也可能非常糟糕，让人以为他们是能力欠缺的人。其实，很多时候，他们只是欠缺一种积极的态度。要调动他们的积极态度，有两种途径——一是使他们热爱，二是适当激起他们的对抗心和叛逆心。

他们需要激情，缺乏激情对他们来说意味着精神的死亡，这是原始的胆汁质的人无法接受的。他们注定异于大多数人，显得独特或者不平凡。但大部分时候，他们无法调动起足够的能量去做他们不爱又不愿负责的事情。

一般来说，胆汁质的人会表现出比较强的攻击性——有意或者无意间。他们会“不小心”冒犯他人，其实这是潜意识中攻击性的自然流露。当他们真的欣赏一个人时，可不是这样的——他们绝对可以让其感受到他们赤裸裸的好感，不带一丝隐藏，甚至好到让其有压力。也就是说，胆汁质的人在好恶上会表现出比较明显的两极化特点，要么是激情式的喜欢，要么是激情式的不喜欢。当然，随着越来越成熟，中间地带也会越来越多，他们越来越可以一分为二地看待人和事，越来越不再盲目地激情。

因为经常锋芒太盛，容易给人压迫感，甚至让人感受到敌意，所以胆汁质的人人缘也往往分为两个极端——有极其赞赏和追随的，也有极其看不惯的。所以，能够和胆汁质的人长期相处，要么是极其欣赏其才华，要么是脾气相对温和，能够包容得了胆汁质的人的情绪化。两个情绪都充满冲撞性，又不肯在对方面前服输的人，就算再亲密，也容易因为不服输而导致关系崩盘。

确实，胆汁质的人本身成功欲望强烈，希望成为人上人，而不喜欢成为平庸之辈，所以他们欣赏的也是强者，而不是弱者。他们愿意被他人的人格征服，而容易看不起身边默默无闻的普通人。难道就没有什么东西能够戳中胆汁质的人的慈悲心吗？他们真的是霸权式的人吗？不是。他们是事业上的强者，在生活中又是很温情的人。胆汁质的人有一个致命的软肋，那就是情感。因此，想要征服胆汁质的人，要么靠实力，要么靠情感。比如足够的诚意，或者发自内心的敬重，都会在很大程度上软化他们的态度。他们排斥没有技术含量的软磨硬泡，看不上水平一般的幽默，讨厌事不关己的冷漠之人。

胆汁质的人立场往往非常鲜明，他们崇尚简单直接的生活方式，拐弯抹角的试探会让他们觉得不够坦诚、不够痛快。因为他们足够坦诚，所以能够结交一些很铁的关系，但同样也会因为语言太有杀伤力而伤害别人。

除了坦诚，他们还处处追求一个“快”字！他们整个的节奏是很快的——做事情喜欢寻求简便方法、说话速度要快、反应速度要快、做事速度要快！他们看不得慢速和懈怠，接受不了不够敬业的人。想说服他们，要给出有足够说服力的理由。没有足够说服力的苦苦哀求，基本上是打动不了他们的。他们有时候看起来像冷血动物，有时候像霸道的领导，但这都是因为他们的“沸点”比较高，一旦达到充足的火候，他们的热情将会淋漓尽致地表现出来。

胆汁质的人生物节律呈现出明显的阶段性——有豪情万丈的亢奋至高点，也有激情退却后的疲乏期。后者往往是他们缓冲、休整和蓄势反弹的时候，虽然亢奋期的他们像霸气的王者，但疲乏时期的他们亦像简单、柔弱、需要被照顾的孩子，需要得到肯定、鼓励和建设性的意见。给予他们希望、帮他们确立新的阶段性目标、陪伴他们度过最无助的时刻，他们会感动不已，并且重新鼓起勇气迎接新的挑战。

人际交往方面，胆汁质的人对于认准的人会两肋插刀，特别霸气和仗义，颇有王者风范，但对于自己憎恶的事情，亦会非常绝情。他们立场鲜明，而且很容易被他人感知到。

如何判断一个人是不是属于胆汁质呢？首先，可以观察他是否容易有攻击性和愤怒情绪。如果容易有，那他很可能是胆汁质的人。而如果很难观察到他的愤怒情绪和攻击性，那他有可能不是胆汁质的人，也有可能是修养很好的胆汁质的人。其次，看他做事是否有高昂的斗志和强烈的成功欲。胆汁质的人成功欲望一般来说是很强的，有种不甘人后的劲头。再次，观察他的言谈举止。胆汁质的人往往眼神犀利，说话掷地有声，语气强烈而夸张，举手投足充满夸张的力度（如敲键盘声音很大，脚下力度很大等）或者华丽的幅度

（如贵族般挺胸抬头的气势，或者追求有点夸张的美感）。最后，可以观察他的人缘，如果追随他的人和排斥他的人都很多，那往往说明这个人潜意识中对待他人也有明显的好恶，而别人对他的态度只是他潜意识中对待别人态度的一种反馈而已，说明他极有可能具有明显的胆汁质特征。

（三）黏液质

黏液质的人内向而稳重，其行动能力匀速而持续，情绪变化极小，很少有什么事情能激起他们太大的情绪反应，他们不喜不悲、不怒不嗔，甚至让人觉得有些情绪冷淡。他们不是情绪导向型，而是行动导向型。黏液质的人遇到事情不会很有激情，却能够付出长期稳定的行动，属于典型的实干家，做事速度缓慢而均匀，不因情绪和喜好而改变自己的节奏。他们考虑问题周全无死角，是合适的管理者或者辅佐者。

中国古代有个故事叫“愚公移山”，按故事情节来看，这个愚公应该就属于黏液质。黏液质的人适合跑马拉松，能够长期坚持一件事，又适合做领导者，所以愚公带领子孙世代不停地挖山，就是典型的黏液质做法——多血质的人会搬家而不会选择挖山；胆汁质的人会选择豪气冲天地挖一上午，见效率太低就会迅速收手；抑郁质的人容易夸大困难，只做十拿九稳的事，而且生性爱自省，不爱领导别人，所以带领别人挖山这事也不太可能；愚公非黏液质莫属。

黏液质的人这种坚持做事的能力不是学习来的，也不是为了什么特殊的目的，只是他们的个性使然。因为心境平和、少有激情，也就意味着他们做事不容易厌烦，也不会过分激动，所以能量的释放是缓慢而均匀的，他们能够长期坚持下去。

当然，情绪波动幅度小，在人际交往中也可能会引起一些误会——别人会感觉他们该热情的时候不够热情，显得太冷漠。另外，缺乏同情心会让人觉得有点冷血。黏液质的人非常守规矩，他们很少有打破规矩的冲动，因此也并不觉得规矩让他们难受。当然，这也意味着他们的创新能力是欠缺的，他们不是技术型的人，而是事务型的人。再烦琐的事务，他们都能够不慌不忙、井井有条地处理。

另外，他们虽然自身往往并不是有突出才华和技能的人，但是拥有发现人才的慧眼，能够尊重人才，懂得使用人才，因此能跟团队合作共事，而不至于孤军奋战。一个很典型的代表人物是演员杨幂，比起做演员，她做老板更出彩。

如何判断一个人是不是属于黏液质呢？第一，黏液质的人表情往往比较冷淡和单一，笑的幅度也不是太大，总是显得有点客套。第二，黏液质的人说话语气不生动，过于四平八稳、波澜不惊、不偏不倚，没什么特别强烈的情绪。第三，黏液质的人反应慢、内敛，但不自卑。第四，黏液质的人对事物和人没有特别明显的好恶。

（四）抑郁质

很多人对抑郁质的人有强烈的偏见。他们认为抑郁质的人忧郁、悲观、不合群、不爱说话、胆小、爱哭、爱做梦……总之一切都“不正常”。而我要说的是，带偏见的人并不了解什么是正常，也并没有意识到很多优秀的人其实都拥有抑郁质特点。

抑郁质不是抑郁症，它只是一个人的脾气风格，一种人格类型，不仅不是病态，而且如果潜能发挥得当，将会是非常优秀的人物性格。古今中外各行各业很多出类拔萃的人物，都具备明显的抑郁质特征。当然，如果教育方式不当，抑郁质的人也可能成为空有一身潜能的庸才。

抑郁质也被称为弱型。也就是说，他们的兴奋性很弱，而抑制性很强。所谓抑制性，就是做什么事都容易内收而不容易外放，比如笑的时候比较收敛，容易害羞脸红，越是人多的场合越不爱说话，容易冷场，喜欢独处等。不过他们只是看起来弱小，其实内心如深海暗流般澎湃，拥有自己的精神追求。他们崇尚至真、至善、至美的存在，喜欢遨游在精神世界的海洋中，对文学、艺术、哲学等有着强烈的兴趣。他们探寻普适真理，追求意义和价值。他们对于现实生活中的琐碎事物，没有太多兴趣，除非它们被赋予意义。他们鄙视为物质而活着，但同样可以在找到钱的意义之后愿意努力挣钱。他们不喜欢谈论八卦，更喜欢谈论思想和艺术。

他们想象力很丰富，是天生的诗人，特别容易感受到微小的幸福和不幸福。在他们眼里，美好的东西就应该被供奉和保护，可在现实世界中，往往却不尽如人愿，于是他们爱精神世界胜过现实世界。如果接受合适的教育，他们可以成为非常优秀的精神世界工作者。否则，他们融入现实世界时，多少会觉得有些困难。

他们做事情容易关注细节，而不太容易驾驭全局。他们非常适合做细致的工作，寻求精确，能够精雕细琢，但也因此导致做事速度比较慢。

在感情上和思维方式上，他们都是深刻的人，肤浅使他们不满足，寻根究底使他们快乐。他们一旦投入感情，往往很深情、很认真。他们很容易入戏，感同身受的能力很强，很容易怜悯他人，也很容易被美好的东西感动落泪。正是因为他们情感细腻、悲天悯人，所以才造就了很多伟大的哲学大师。

抑郁质的人是安静的、深沉的、忧郁的，羞涩的、孤独的、不合群的。实际上，很多时候，是他们选择了孤独，享受着孤独。他们喜欢给自己留足够的个人空间，去充分咀嚼世间那真实的、细致入微的美好与痛苦，而不喜欢被人类社会的虚情假意打扰，不喜欢被不懂他们的人打扰。他们排斥无用的社交，只保留为数不多的几个知己，作为自己的圈子。

虽然他们不喜欢过分暴露在人群中，但内心又有种布道的使命感。抑郁质的人的忧郁，与其说是一种情绪，不如说是一种悲天悯人的情怀。他们可以不计较个人得失，但心怀大爱，在乎公共社会的规则道义和世间真理。著名诗人艾青的那句“为什么我的眼里常含泪水？因为我对这土地爱得深沉”，就是抑郁质的人内心的真实写照。

抑郁质的人虽然思想叛逆，但是行为顺从，忍耐力比较强，不过忍耐久了也会突然爆发。抑郁质的人满足于自省，而不喜欢领导他人。如果非要担任领导者，那他们的最大优势在于非常亲民，没有任何架子，但是他们的短板在于不敢提要求，缺乏调兵遣将的霸气，对事态的驾驭能力和主导性不够，容易被别人的态度牵着走——习惯于做捧哏，而不喜欢做逗哏（除非涉及他的专业）。另外，他们善念过重，过分在意他人的感受，导致很多事情难以决策，或者决策失误。《西游记》中的唐僧就是一个典型的例子，所以他屡次看错妖怪。

抑郁质的人思想深刻，但反应速度不是很快，说话速度也比较慢，因此很多时候不太适应节奏快的面对面交流，尤其是面对面的双向交流，比如谈判、销售等。而单向交流相对简单很多，比如作为教师讲授知识点、作为家长对孩子发号施令，或者听从他人的意见，抑郁质的人相对容易适应。

那抑郁质的人擅长什么呢？抑郁质的人不擅长复杂的人

际关系，但爱思考，审美能力强，能够制造浪漫的气氛，能够安静下来对工作精雕细琢，往往有文艺特长，适合思考研究，也擅长技术类工作。优秀的艺术家、思想家和匠人，往往具备明显的抑郁质特征，否则很难做到那么专业和执着。但要注意一点，爱思考并不意味着思考能力强，也可能是一种偏执、空想或者不严密的错误推理，需要加以正确的引导，方能打磨成真正的思想者。

如何判断一个人是不是属于抑郁质呢？还是看言谈举止。第一，抑郁质的人眼神常表现为三种风格：忧郁的、羞涩的、深沉的。只要他的眼神属于其中一种，一般就可以判断他属于抑郁质。第二，如果一个人经常讲话声音比较小，让人听不清，或者动作十分轻柔，态度非常绵软，则可以判断他很大概率属于抑郁质。第三，如果一个人看起来经常心事重重，爱哭，不爱笑，心思敏感细腻（排除一段时间的心理压力等原因），则他极有可能属于抑郁质。

三、常见的气质组合

在现实社会中，有的人是以某种气质类型为主，有的人则是几种气质类型的组合。人因此而千姿百态。常见的气质组合有：多血 + 胆汁质、黏液 + 抑郁质、多血 + 黏液质、胆汁 + 抑郁质等。

第一，多血+胆汁质。他们属于典型的外向型，待人非常热情，爱动不爱静，做事、说话节奏都很快，适合做面对面与人打交道的工作，这样能充分施展其人际交往才能。他们是行政型的人，协调和沟通能力都很强。该类型的人需要注意的是，要避免因为过分热情、过分干涉他人的事情而引起他人的反感。

第二，黏液+抑郁质。他们属于典型的内向型，节奏缓慢、沉稳，略带忧郁或者羞涩，做事保守而周全，比较细心。与多血+胆汁质不同，黏液+抑郁质的人不是纯粹行政化的人，而是适合做专业领域的领导者，比如心理学教研室主任等。

第三，多血+黏液质。他们情绪稳定性极好，非常稳重，又比较欢快，为人成熟、冷静，几乎做任何决策都非常长远、沉着，极少被骗，极少做出疯狂的举动，即便有疯狂的举动，也是持续两分钟就结束了。他们喜怒哀乐都有一点，但都不会过激，适合做管理类工作。

第四，胆汁+抑郁质，这个组合需要重点了解一下。这种组合的情绪稳定性极不好，表现为时而极其亢奋，时而极其忧郁深沉。情绪的高点极高，而低点又极低，这都是他们内心激情荡漾的表现。我们可以用“侠骨柔情、剑胆琴心”这八个字来形容他们，外有大侠之风骨、亮剑之胆魄，内有悱恻之柔情、抚琴之缠绵。其实中国的武侠片就充满了这种快意恩仇的味道，武侠片的主题曲要么几近缠绵悱恻，要么豪情万丈。

我们可以说胆汁＋抑郁质的人难以安静下来，也可以说他们排斥做平庸的人，拒绝平庸的人生。他们注定追求不平凡，追求与众不同，追求不背叛内心的真实生活。他们要么输得底掉，成为笑话；要么赢得漂亮，成为传奇。平庸在他们看来，无异于灵魂的死亡。他们内心充满了对生命的敬畏和对失去生命的不安，于是他们总是将自己推向风口浪尖，一再挑战自己的极限。

如果说行政和管理岗位从某种意义上来说是排斥过分激情的，那么专业岗位一定需要激情和缜密，胆汁＋抑郁质的人非常适合走专业路线。当爱上一个专业，他们既能展现出胆汁质的爆发力，能够一鼓作气、废寝忘食，又能展现出抑郁质的持续性和研究精神，细致而严谨。他们会在一个相对较长的阶段内，坚持花大量时间和精力用于专业研究，而在生活方面，却可能像白痴。不是他们真的不懂生活，而是志不在此。比如著名的牛顿煮怀表事件，他太专注于自己的实验，以至于吃饭成了为做实验补充体力而不得不做的一件事。他虽然打算煮鸡蛋，但注意力一直在实验上，所以把怀表扔进了锅里。什么样的人能成功？只有持续专注于一件事情的人，才可能获得成功。

胆汁＋抑郁质的人小的时候，不管是他们的脾气、问的问题，还是他们喜欢做的事情，往往都会被嘲笑。如果没有受到良好的专业教育，自己又不肯努力学习的话，他们也可能只是连自己都讨厌的怪人而已。反之，他们会成长为受到众人肯定的、有才华的人。武侠小说中有一种功夫叫作“吸星大法”，就是把别人的功力吸进自己的身体，使内在能量足够充沛，此时会出现两种可能——如果能够循环运化这些能量，使其为自己所用，就会迅速成为武林高手；而如果不能够很好地运化和使用它，过多的能量横冲直撞，就会七窍流血而死。胆汁＋抑郁质的人像极了一个练“吸星大法”的人。对待胆汁＋抑郁质的儿童，一定要付出异于常人的耐心，去倾听他们的内心所想，去帮助他们梳理和修正思考问题的方式，去陪伴他们解决各种问题，而不是简单粗暴地说“你错了！”“你不能这样！”“你要听话！”等等。他们内心深处是不顺从的，喜欢怀疑，喜欢挑战众人的迷信，他们需要彻底搞清楚一件事情，然后才会去信任。对于他人和事情，他们经常有属于自己的独特见解，休想用简单粗暴的专制来使他们服从。他们内心写满了“不服”，他们会坚定地从自己的视角去解构世界的价值，前提是他们需要有充足的知识储备，才不至于显得偏颇和无知。

千万不要小看这种类型的人，古今中外各行各业，那些最成功的、不屈不挠的人，大部分都属于胆汁＋抑郁质类型。我们单说阿里巴巴的创始人马云，据说他在阿里巴巴之前创立了四家公司，都失败了。如果他不是一个“不服”的人，那么阿里巴巴或许不会诞生。如果他不是因为对互联网的发展有足够的远见，可能也不会固执地要把这件事做成。知识不足的人的偏执或许只是偏执而已，而精英的“偏执”可能恰恰是真理所在。我们今天了解的所有常识，在诞生之初都被认为是偏执的。偏执本身并不伟大，人若能借助它而取得优秀的成果，它才是伟大的。

另外，胆汁 + 抑郁质的人需要学会一件事，那就是控制自己的激情，使之稳下来，使之尽量缓慢而持久地释放，而不是“再而衰，三而竭”。

四、气质的观察评估
——以《西游记》师徒四人为例

现实生活中，我们没有必要见人就做一次问卷调查，如果能通过观察和推理对气质类型进行比较熟练和准确的评估，那么我们理解他人和自己就会容易得多。很多时候，相守几十年的夫妻，却无法理解对方的某些独特行为，将对方视为某种另类，这无疑是比较可悲的。我认识一对五十多岁的夫妇，丈夫是做学术的大学教授，结婚三十多年，妻子才惊讶地发现他其实是一个比较胆小的人，并且表示相当不能理解。我作为一个心理学专业的旁观者，真的觉得这种事情太遗憾——她丈夫是优秀的专业技术人才，不爱说太多废话，喜欢唯美浪漫的东西，没有架子，性情温和，但看上去会有清高的感觉，属于典型的抑郁质，骨子里的胆小和保守是肯定的。庖丁之所以能解牛，是因为他熟知牛骨的架构；我们之所以能准确地推理一个人的性格，也是因为熟知人格理论的架构。

优秀的文艺作品对人物气质的刻画往往入木三分，作者虽未提出理论，但却凭细腻的感觉对人物气质做出了明确的区分。在此我们将以中国古典名著《西游记》中的师徒四人为例，阐述气质的几种评估方法。

（一）主要特征法

不同气质类型的人，言谈举止有很大差异；同一种气质类型的人则有些相似。即便是同一种气质类型的人，由于年龄、成熟度、生活经历、家庭教育、思维水平、个人修养、社会文化等多方面因素不同，外在表现也有比较大的差异。那怎么办呢？一定要抓最主要的特征。

在《西游记》中，师徒四人个性各不相同，但都具有明显的气质特点。

从主要特点来看，猪八戒外向，个性单纯，爱笑，爱闹，不固执，懂妥协，为他人带来了无穷的欢乐。对于佛学这类严肃而深刻的哲学内容没有太大兴趣，遇到困难经常退缩，但还能够忍受，不至于过分焦虑。他在取经途中无大作为，犯下过小错误，但未曾受过什么惩罚，只是被师父嗔怪两声便罢，这与多血质的灵活性不无关系。由以上特点可以判断，猪八戒属于典型的多血质。

孙悟空也属于外向型。他技高胆大，为师父不惜一切；爱管“闲事”，为正义赴汤蹈火；做事霸气，有原则性，重感情。在护送唐僧取经的途中，他功劳最大，但“犯错”也最多，因此得到的惩罚也最多。在诸位神仙眼中，孙悟空是一个不守规则、不讲礼数、不畏权威的刺头。因此，众神要么惧怕他，要么用强权压制他。由以上特点可以判断，孙悟空属于典型的胆汁质。

沙僧属于内向型。他讲话最少，语气中立，分析问题客观而理性；情绪色彩小，不浮夸，不偏激，不焦虑；没有明显的个性色彩，但他是做事最踏实的人。虽然他没有孙悟空那样的本事，但他知道关键时刻该听谁的。从决策力和管理能力来看，沙僧在四个人中最适合做领导者。由此可以判断，沙僧属于典型的黏液质。

唐僧内向、细腻，说话轻声细语，做事谨慎保守，极力避免可能对他人造成的伤害。哪怕他知道孙悟空可能是对的，但没有证据的时候依然不敢相信孙悟空，尽量做最保守、最安全的选择，宁伤自己不伤别人，可见决策能力不足，经常判断失误。在很多方面，他小心地维系着内心的道德信仰，看似文弱但心怀普度众生的大爱情怀，甘愿为宗教事业付出所有。四个人中，他对佛学最执着，理解最深刻，愿意为之赴汤蹈火，这是他成为领导者的原因。从以上特征可以看出，唐僧属于典型的抑郁质。

（二）排除法

当我们说不清楚一个人“是什么”类型时，往往可以先判断一下他“不是什么”类型。有时候，可能因为观察时间不足、过程太仓促、情境不适宜，或者被观察者故意掩饰等原因造成主要气质特征不明显，就可以使用排除法，排除掉明显不符合的气质类型。按照气质的定义，内外向、情绪稳定性、灵活性、情绪强度与深度是参考的几个主要因素。

以《西游记》师徒四人为例。猪八戒不是内向型，排除黏液质和抑郁质；原则性不强、不易怒，排除胆汁质。因此，可以判断猪八戒极有可能是多血质。孙悟空也不是内向型，排除黏液质和抑郁质；情绪情感强度大，被误解时原则性比较强，灵活性不够，排除多血质。因此，可以判断孙悟空极有可能是胆汁质。沙僧不是外向型，排除多血质和胆汁质；情绪色彩小，不易悲观，过分谨慎，排除抑郁质。因此，沙僧极有可能是黏液质。唐僧不是外向型，排除多血质和胆汁质；胆小谨慎，考虑问题容易顾虑太多，决策能力不强，排除黏液质。因此，唐僧极有可能是抑郁质。

（三）比较法

没有比较，就难以确定个体的坐标。单独判断某个体时容易出现混淆，也可以将其与某种典型气质类型的个体进行比较，或者在若干个被观察者之间进行比较。

在《西游记》师徒四人中，通过比较，可以解决一些常见的困惑。比如，孙悟空属于多血质还是胆汁质？沙僧和唐僧哪个属于黏液质，哪个属于抑郁质？

孙悟空平时也很活泼，这和猪八戒有些相似，但是通过比较就会发现，他解决问题的方式和猪八戒明显不同。猪八戒可以通过暂时的妥协来换取更大的退路，而孙悟空不喜欢迂回战术，做事更直接且有力量感。从他人的反馈来看，猪八戒树敌少，孙悟空树敌多；他人对猪八戒的认知比较一致，而对孙悟空的评价则褒贬不一。由此可以看出，孙悟空更倾向于胆汁质，而不是多血质。

沙僧和唐僧都属于内向型，但是通过比较就会发现两者的不同点。沙僧情绪色彩小，不卑不亢，而唐僧遇事更容易悲观；沙僧的思维在横向层面上更周全，而唐僧的思维则在纵向层面上更深刻、更细腻。由此可以看出，沙僧倾向于黏液质，而唐僧倾向于抑郁质。

五、不同气质类型在亲密关系中的表现与建议

不同气质类型的人，有自己的独特优势，也有自己不易克服的弱点。我们讨论气质类型，最终不是为了改变谁的个性，而是为了改变对他人的态度——能够因理解而靠近，避免冷眼旁观，享受双方的互补，体现出自己的独特价值。

多血质的人，在亲密关系中永远都是开心果，让人感到轻松，不那么沉闷，让人在最焦躁的时候稳下心来，从而慢慢梳理思路、解开心结。他们或许没有直接逗你开心，但他们自娱自乐的劲儿，实在是给人做了很好的榜样。或许你在强大的时候，没有觉得他们多么重要，但你在脆弱无助的时候，却感觉自己特别需要他们。多血质的人，也请不要总是自顾自地说话，有时候对方需要的，只是你安静的注视和深深的拥抱而已，不要吝啬这些亲密的表达。

胆汁质的人，会给人满满的宠爱，满到出乎他人的意料，让人觉得自己是世界上最受宠的那一个。可是，在胆汁质的人不开心的时候，又容易让人感觉到一种敌意，一种不够尊重的态度。其实胆汁质的人的软肋，是情感——只要你表现出对他们的崇拜，他们就会被驯服。但是，胆汁质的人占有欲过强，喜欢控制对方。胆汁质的人往往崇拜强者，但又希望被崇拜，希望对方能够以弱者的姿态出现，臣服于自己，

同时又希望对方身上有强大的一面，能够引领自己。因此，一些胆汁质的人会找一个同样强势的伴侣，一开始惺惺相惜，因为对方身上有自己的品质，但时间长了，就开始想控制对方，比如希望对方放弃事业以便专职照顾自己，如果对方拒绝，往往关系就面临结束。因此，胆汁质的人能够维持长期关系的一个重要因素是，学着给对方留出合理的尊重空间，避免过分控制带来的压迫感。

黏液质的人，最大的优势就是稳定性，对关系没有太高的欲求，满足于当下，不紧不慢地处理眼下的事情。在亲密关系中，他们给人的亲密感往往不那么热烈，却能够细水长流，体现在日常生活的点滴事务中。他们的个性本身会让人感觉有点冷漠，但如果有足够的亲密意识，虽不可能饱含激情，但至少能够做到非常温情。黏液质的人思考问题相对比较全面，但缺乏重点，在亲密关系中应当试着去更深地共情，让亲密对象感觉到自己的重要性。

抑郁质的人，情感丰富，且情深似海。抑郁质的人需要深深地被爱和被在乎的感觉，也会付出深深的爱和在乎。对他们来说，冷漠等于杀人。虽然抑郁质的人惯性很大，很难提出分手，但如果让他们长期处于绝望的情感中，他们也会主动做出选择。对抑郁质的人来说，他们的生活管理能力可能一团糟，但专业技术能力却是他们最擅长的东西。可以说，抑郁质的人在工作时是最有魅力的。抑郁质的人思想上比较叛逆，但行为上比较保守，应当注重两者的统一与协调，避免自我压制与过分反弹，勇敢地表达自己，也要能够接受他人与自己想象的不同，包容多元化的存在，将自己过多的能量用于事业中，必能成事。

附：陈会昌气质测试

指导语：

请根据您的真实情况，按照五个评分等级，判断每道题的描述与您的符合程度，并在每道题后写出对应的分数。当您不确定时，请凭借第一感觉做出判断。五个等级为：非常符合计 +2，比较符合计 +1，拿不准的计 0，不太符合计 -1，非常不符合计 -2。注意，请不要加总分，而是最后把某些题号的分加到一起。请按题号顺序做题。

注意事项：

1. 做测验时不要去想“对错”，人的状态没有对错。也不要去想“好坏”。测验是做给自己看的，是当前的一次自我敞开和自我思考，要尽量真实。

2. 凭第一感觉，不要不思考，也不要过分思考。需要思考时，思考大多数情况下你的内心状态，而不要过分纠缠于某些特殊情况。

3. 心理测验属于参考，可以用来帮助自我分析，而不应当做 100% 的依据。同时，人是在生活中不断发展的，所以，此时与彼时有一定的差异属于正常现象。

1. 做事力求稳妥，不做无把握的事。

2. 遇到可气的事就怒不可遏，把心里话全说出来才痛快。

3. 宁肯一个人干事，不愿很多人在一起。

4. 到一个新环境很快就能适应。

5. 厌恶那些强烈的刺激，如尖叫、噪声、危险的镜头等。

6. 和人争吵时，总是先发制人，喜欢挑衅。

7. 喜欢安静的环境。

8. 喜欢和人交往。

9. 羡慕那种能克制自己感情的人。

10. 生活有规律，很少违反作息制度。

11. 在多数情况下情绪是乐观的。

12. 碰到陌生人觉得很拘束。

13. 遇到令人气愤的事，能很好地自我克制。

14. 做事总是有旺盛的精力。

15. 遇到问题常常举棋不定，优柔寡断。

16. 在人群中从不觉得过分拘束。

17. 情绪高昂时，觉得干什么都有趣。

18. 当注意力集中于一件事时，别的事很难使我分心。

19. 理解问题总比别人快。

20. 碰到危险情境，常有一种极度恐怖感。

21. 对学习、工作、事业怀有很高的热情。

22. 能够长时间做枯燥、单调的工作。

23. 符合兴趣的事情，干起来劲头十足，否则就不想干。

24. 一点小事就能引起情绪波动。

25. 讨厌做那种需要耐心、细致的工作。

26. 与人交往不卑不亢。

27. 喜欢参加热烈的活动。

28. 爱看感情细腻、描写人物内心活动的文学作品。

29. 工作、学习时间长了，常感到厌倦。

30. 不喜欢长时间谈论一个问题，愿意实际动手干。

31. 宁愿侃侃而谈，不愿窃窃私语。

32. 别人说我总是闷闷不乐。

33. 疲倦时只要短暂的休息就能精神抖擞，重新投入工作。

34. 理解问题常比别人慢些。

35. 心里有话宁愿自己想，不愿说出来。

36. 认准一个目标就希望尽快实现，不达目的，誓不罢休。

37. 学习、工作同样一段时间后，常比别人更疲倦。

38. 做事有些莽撞，常常不考虑后果。

39. 老师或师傅讲授新知识、技术时，总希望他讲慢些，多重复几遍。

40. 能够很快地忘记那些不愉快的事情。

41. 做作业或完成一件工作总比别人花的时间多。

42. 喜欢运动量大的剧烈体育活动，或参加各种文娱活动。

43. 不能很快地把注意力从一件事转移到另一件事上去。

44. 接受一个任务后，希望把它迅速完成。

45. 认为墨守成规比冒风险强些。

46. 能够同时注意几件事物。

47. 当我烦闷的时候，别人很难使我高兴起来。

48. 爱看情节起伏跌宕、激动人心的小说。

49. 对工作抱认真严谨、始终一贯的态度。

50. 和周围人们的关系总是相处不好。

51. 喜欢复习学过的知识，重复做已经掌握的工作。

52. 喜欢做变化大、花样多的工作。

53. 小时候会背的诗歌，我似乎比别人记得清楚。

54. 别人说我“出语伤人”，可我并不觉得这样。

55. 在体育活动中，常因反应慢而落后。

56. 反应敏捷，头脑机智。

57. 喜欢有条理而不甚麻烦的工作。

58. 兴奋的事常使我失眠。

59. 老师讲新概念，常常听不懂，但是弄懂以后就很难忘记。

60. 假如工作枯燥无味，马上就会情绪低落。

计分方式：

以下题号代表的是相应的气质类型，每种气质类型分别包含15道题，请把你在四种气质类型上的总得分分别算出来，比较四种类型的得分高低，即可判断自己属于哪种类型。如果有一个类型的得分明显高于其他得分，说明你是这种类型为主；如果两个类型的得分都很高，明显高于另外两个得分，则属于这两个类型的组合；如果三个类型得分都很高，那就是这三种类型的组合。其中，两个分数之间，相差4分，即存在显著差异。4分以内，无显著差异，可以理解为两个类型差不多。

胆汁质，包括2、6、9、14、17、21、27、31、36、38、42、48、50、54、58各题；

多血质，包括4、8、11、16、19、23、25、29、34、40、44、46、52、56、60各题；

黏液质，包括1、7、10、13、18、22、26、30、33、39、43、45、49、55、57各题；

抑郁质，包括3、5、12、15、20、24、28、32、35、37、41、47、51、53、59各题。

第三部分

亲子关系及其相处技巧

一、亲子关系及其意义

亲子关系，是以血缘维系的一种亲密关系。血缘是最具有自然属性的亲密要素，人们喜欢说“母爱伟大”“父爱如山”，父母为了孩子可以爆发出无穷的力量，也可以为了孩子放下自己的面子和底线，其根本原因就在于，你是我的，我也是你的，发乎血脉的亲密，最亲密。

然而很遗憾，一手好牌也可以打得很烂——很多人的亲子关系处理得一塌糊涂。更要命的是，很多人对此并不自知，而且一再变本加厉地伤害对方，使得原本可以很亲近的亲子关系越来越远，只剩下表面防御式的客套，甚至在父母年龄大了才开始爆发出激烈的争吵。比如，电视上那种家庭调解类节目，不少兄弟为了争老人的房子和财产，打得不可开交。他们以财产分割不均为由，拒绝赡养老人，导致老人的生活陷入没人管的可怜境地。每当看到这种情况，人们一定会忍不住责骂这些孩子不是东西，但人们往往忽略了一个更深的问题：他们为什么变得如此不是东西？他们是怎么发展到这种地步的？他们争执的真的仅仅是房子吗？有没有可能是内心长期积累下来的深层次情感需求得不到满足的一种彻底爆发？

这只是一种常见的例子，亲子关系对人的重要意义有很多方面。可以说，它对儿童的人格养成影响巨大，会影响当前以及未来的生活、学习、人际、事业等方方面面。对于一些早期留下的偏差，人们往往需要花费十几年、二十几年的时间，才能实现一定程度的自我调整，甚至在过去的传统社会中，很多人一生都无法实现自我修复，无法获得老年人应有的人生圆满感，抱憾离世。

具体来说，亲子关系通常会在以下几个方面影响孩子。

第一，自我意识。这包含三个方面：一个人的自我概念、自我满意度，以及自我管理和控制能力。一个优秀的孩子，首先应当具备健康的自我意识——

他应当对自己的能力和专长有比较清晰的了解，也能坦然接受自己的不足和弱点，能信任自己，并合理地对待自己；他能够清楚他人也拥有自己独特的能力结构，对未知的他人有一定的敬畏感，不会盲目贬损和过分迷信未知的他人；他能明确自己和他人之间的边界，能够勇敢捍卫自己的权益，也不去随便碰触他人的利益；他能够敢于追逐自己的梦想，并且一步步踏实地去实现；他能够给予爱，也能够接受爱；他愿意坦诚面对自我，也能够平等看待他人，不卑不亢；他对自己基本是满意的，并且敢于追求自己想要的生活。

在上述方面，父母是孩子的榜样，父母是带领孩子认识世界的第一人，孩子与父母的互动方式，决定了他与世界的互动方式。反之，如果亲子关系不良，孩子往往多多少少存在一些自我意识不健全的情况，比如：过分地自我贬低，哪怕已经有足够的证据证明其优秀，本人仍然拒不承认，并且认为那些事情任何人都能做到，没有什么独特的，满脑子写满了“我无能”“我不配”，以至于平白错失了很多原本不错的机会。然而，在某些情境下，他反而会过分自傲，让人觉得不可一世；会过分迷信他人和权威，唯独缺乏自己的分析判断能力；过分在意他人的评价，过分渴望他人的表扬或者批评，对自己缺乏客观的认识；对自己不满意，继而对身体很多部位均不满意；自我控制能力不太好，不能够耐心地做一件事；等等。

当然，人的任何心理和行为表现，都是多种因素作用的结果，有其自身的性格原因，有亲子互动原因，也有个人经历、受教育程度等多方面的因素，很难说是其中一个要素导致的结果，但我们不排除这跟父母的教育方式有关，因为父母在孩子的成长过程中起着不可替代的作用。当然，人的一生就是发现问题和解决问题的过程，所以要重视孩子的一些问题，又不要过于有压力，找到方式积极调整就是了。

俗话说，性格决定命运，而父母的养育方式也会影响孩子的性格。我们这里要强调的一个问题是，父母要如何以身作则地去正确表达关注和爱，使得不管什么性格的孩子都能够被父母接纳，以便培养他的自信，以及未来独立面对世界的能力。这是最重要的，因为自我意识是所有心理问题的根源。

第二，学习成绩。人的智力结构固然有差异，但大部分人的整体智商都在正常范围内。能不能获得好的学习结果，或者说能不能获得不太差的学习成绩，主要看孩子是否相信自己，是否能够付出足够多的努力。很多“差生”，其实不是智力不足，而是没有全力以赴，甚至过早地自我放弃。就像我们经常说一些重大疾病能够痊愈，很重要的一点在于病人本身不要放弃。一旦意志上放弃了，那这事就真的不行了。学习也是一样。很多学习不好的孩子，一方面是没有人有针对性地引领其入门；另一方面，亲子关系不良、心情不好导致孩子无心学习，或者不被父母信任而缺乏学习热情。我们不把学习成绩当作衡量一个孩子的唯一指标，但学习不好会给孩子带来很多后续的困扰，而且不利于未来发展，这是值得我们关注的。

第三，人际关系。亲子关系是未来所有关系的雏形，他与父母如何互动，就与其他人如何互动。随着他的成长，会有一定的自我调整，但这需要花费很久的时间。人对于其他关系的渴望，大部分是基于亲子关系中的情感缺失，父母没有满足他的，会去其他人身上获得替代。最典型的例子就是在爱情中，有的人之所以对爱情飞蛾扑火，甚至自残自伤，不是因为多爱那个人（但他会让自己相信这是因为爱情），而是因为他本身缺乏爱。他缺乏自己给自己的安全感，缺乏来自他人的一种无条件的关注和足够的肯定，所以当这块老伤疤再次被揭开的时候，他就完全崩溃了。越是平时心扉紧锁的人，内心越是脆弱，不敢展露自己的真实内心，害怕面对那些可怜的过往，所以一旦有人进入他的内心，继而再离开，对他就是莫大的伤害。

关于不良的亲子关系给孩子带来的影响，本书先讲这么多。其实，人是在亲密关系中成长的，小的时候，亲密关系就是孩子头顶的天，是他的宇宙，是他认识世界、认识自己的范围。长大后，他发现那不是自己的宇宙，宇宙很大，但是他想打破之前养成的习惯，已经很难了。他在亲子关系中，形成了最初的自己。他在事后的其他关系中，可以弥补某些缺失，但是情感的缺失，对人来说，是最难弥补的。

二、当前社会亲子关系的常见问题

这里说的亲子关系的问题，主要是父母的问题。因为决定亲子关系质量的，是父母，而不是孩子。说白了，孩子如何对待你，是因为你如何对待他。就这么简单，几乎没有其他原因。至于孩子自身的问题，并不是讨论的核心和重点。“人之初，性本善。”每个孩子刚出生的时候，都是天真、单纯的，对父母都是百般依恋，但为什么长大后情感就淡漠了，产生距离了？归根结底是父母没有维护好亲子关系。父母是不需要持证上岗的，然而却需要具备教育子女的基本理念，如果理念错了，做任何事、说任何话，对亲子关系来说都是错的，亲子关系只会越来越棘手。而如果理念对了，做任何事、说任何话，都信手拈来，让理念成为一种本能，那么培养孩子真的非常简单。

父母教养孩子的过程中，常常会出现以下问题：

第一，父母不肯放下自己的身份“权威”，把孩子当作自己情绪的发泄物和个人意志的实现方式。这种情况可以称为不可一世的“独断型”。比如说，这种父母喜欢说谁家孩子听话，只要孩子提出任何不同意见，他都无法接受，感觉孩子冒犯了他的权威，马上给孩子扣上道德帽子，指责孩子“不孝”“不敬”于是，整个家庭氛围就变得非常冰冷，父母沉浸在自己土皇帝般自恋的快感当中无法自拔，而孩子则心事重重——很多父母不知道为什么孩子到了青春期不喜欢跟自己沟通，这就是原因。希望这样的父母好生反省，否则后果非常严重——这样的孩子，会在自己力量薄弱的时候假装听话；会在遇到问题的时候不敢告诉父母，以至于很多原本可以快速弥补的事情被拖延和耽搁；或者自己价值观模糊或混乱，在重大的人生选择上做出错误的决定；又或者在父母年老体弱的时候，人格突变，开始对父母进行“报复”，通过各种方式把自己的怨恨发泄出来，比如抢夺财物，和兄弟姐妹攀比，等等。

还有的父母，强迫孩子去实现自己实现不了的愿望。当然，人各有喜好，如果孩子能继承自己的喜好，自然是一件值得高兴的事情，仿佛多活了一生。但是，孩子毕竟不是父母的私有物品，他是一个独立的人，有独立人格，请父母对他的独特性格、能力给予尊重。如果不是特别确定，不要随意干涉。如果还不明白，请去问他的老师。请父母注意自我修炼，自己没有实现的愿望，请在接下来的时间里，尽量靠自己实现，不要试图把自己的灵魂附着在孩子身上，他的肉体的出生是被动的，请把他的精神还给他。

其实很多家长是很势利的，口口声声说对孩子好，但其实都是为了自己的利益。这正是我最替孩子担心的。不是说不要父母去操心孩子，相反，父母一定要给孩子做好榜样，成为孩子的意见领袖。我们这里强调的，是家长的不坦诚。生孩子为了自己的利益，这无可厚非，因为亲密关系之间，本来就是互相支持的。不过，请承认这一点，不要去找其他借口，更不要强加给孩子自己的主观臆断。

我举一个当前的社会现状作为例子吧，它可能会使一些人不舒服，但我也同样相信，大部分人会认同我说的话。比如，生二胎本来是人的权利和自由，作为父母，喜欢孩子是人之常情，因为爱孩子而生孩子，这种情况是皆大欢喜的。但是，有的人偏偏喜欢撒谎，说怕独生子女太孤独了，要给他一个兄弟姐妹来做伴。我想追问一下：谁不是生而孤独的？为什么偏偏独生子女就那么孤独？有兄弟姐妹固然会有更多的精神寄托，但是如果没有兄弟姐妹，难道独生子女就不会结婚、有孩子吗？难道他不会交朋友吗？为什么非要有兄弟姐妹才不孤独？说到底，还不是因为自己躺在病床上的时候，怕孩子没人商量？如果真的怕这个，那提前写好，看自己不行了直接拔管，避免痛苦，这没什么可商量的。这样的父母，归根结底还是想用孩子养老，其实这也无可厚非，直说就好了，不要拿“为孩子好”说事。养老这件事，真的没必要担心那么远，因为未来的养老一定不是拼孩子数量，而是拼市场和专业。现在是市场经济时代，商家是最敏锐的，如果真的存在养老问题，商家一定会第一时间完善养老产品。说真的，如果你年龄大了，你舍得让自己的孩子在榻前伺候自己的生理失控吗？现在是消费者说了算的时代，如果我年龄大了，我绝对不舍得让自己的孩子来做这些琐事，而是雇用专业人士，我的孩子负责给予好评或者差评，不可以吗？很多父母认为那些不想生二胎的人是自私，而我认为这样说真的是没搞清楚自己内心的真实想法。我的母亲曾经用一个小视频来证明多生孩子的好处。那个小视频是这样的：一只小狗被其他狗欺负了，然后他的兄弟姐妹们一起冲上来把那只大狗吓跑了。我母亲说，小狗况且如此，人却没有小狗的觉悟。其实，人和狗哪能是一回事呢？在动物的世界，它们是靠体力活着的，狗多力量自然就大。可是，在人的世界，我们是靠分工活着的，专业的事交给专业的人做。我爱孩子，我只是爱他就好了。他小的时候，我抱着他防止他摔倒；他长大了，我推开他，让他去奔跑。不是有人说，世界上唯一一种以分离为目的的关系，就是父母与孩子的关系吗？既然注定分离，那我必须在自己有力气、有精力的时候，为自己圆满的老年生活开疆拓土，而不希望把最好的时光给了二胎，我觉得这是对我这唯一的孩子最大的爱和保障。我希望我能给予他的，是不拖累他，而不是让我的另一个孩子来帮他承担我的负累。我觉得自己的这种想法还是有一定代表性的，而且不仅不自私，实际上还挺伟大。希望母亲能够理解吧。至于不生二胎会不会后悔，我不排除自己会后悔，到了某个年龄会特别想再要一个孩子，甚至一群孩子，但人只能活在当下，无法预知未来。只要是当下最好的选择，就永远没有后悔的必要。

还有两件事能证明很多父母生孩子是怀有多强的功利性。曾经有一段时间，媒体报道和关注失独现象，于是就有很多人说，为了避免失独，一定要再生一个。这个决定看似是悲哀无法承受的结果，但实际上，这样的父母最无情，再生一个就可以转眼把第一个给忘了？另外，很多父母培养孩子是为了给自己长脸，学习成绩好了，对孩子百般夸赞；学习成绩不好了，也不问孩子最近开不开心，而是上来就批评孩子。这样的家长，考虑过孩子的感受吗？他会觉得，我凭什么为你学习？你从来都不过问我的内心，只过问我的学习成绩，冷酷而无情。所以这种孩子的叛逆方式就是：我偏偏不学习，让你的希望落空。

另外，有的父母完全把孩子当作个人情绪的发泄物，对待孩子或暴力或冷漠或宠溺，而唯独欠缺平等对话。这在生活中随处可见。最典型的是中国式打孩子，完全是家长个人情绪的发泄，跟教育没有任何关系。管理自己的孩子，就像虐待动物一样充满暴力和冷漠，而对待别人家的孩子，却小心翼翼，假装极尽宠溺。这种双重标准顾全的是成年人世界的客套、面子，而不是站在孩子的角度做出的行为。比如，一定要招待别人家的孩子吃糖，却不给自己的孩子吃糖；一定要讪笑着去逗别人家的孩子，转身面对自己的孩子时却秒变冷面杀手。因此，很多小孩子很纳闷：为什么自己的父母不爱自己，却爱别人家的孩子？这甚至会成为他们长大后自卑的根源。

另外，我们经常看到成年人在逗孩子时，就像要猴一样。那不是在逗孩子开心，而是把小孩当作大人的玩具来逗自己开心。只要能想办法把孩子惹生气、弄尴尬，大人们会无所不用其极，手段极其可恶。最典型的例子之一，就是拿小男孩的生殖器来做文章——一定要去问小孩子这是什么东西，还要试图拽几下，更有甚者会把男孩的裤子脱下来，恐吓小男孩说要把小鸡鸡割下来。看到小男孩或懵懂或害怕的样子，大人们哈哈大笑，好不开心。这算逗了一回孩子。作为一个母亲，看到这样的事情会深感气愤。可以说，很多人把成年人世界不敢表达的变态想法，全以“逗”孩子为名合理化地发泄在了儿童身上，这简直是变态的虐童癖。

还有其他典型的例子，就是故意去侵犯孩子的自我空间，假装要把孩子从母亲身边夺走，或者欺骗孩子母亲不要他了，或者用假装抢夺他的私人物品（如玩具）等方式，“逗”孩子以博大人一乐，这些事情简直是孩子的噩梦。孩子不知道大人在开玩笑，没有判断能力，更无法自我保护，所以只能任由大人摆布，导致自己内心充满无助感。最可恶的是，有的人见了别人家的孩子，不经孩子和母亲同意，一定要生拉硬拽地把孩子抱过来，以示友好。这时候孩子一般会撕心裂肺地喊妈妈，而妈妈碍于面子也不好意思把孩子要过来。直到看孩子哭得实在可怜，才会将孩子归还，嘴里还嘟囔着“他不找我”，把孩子哭的责任一推了之。这是典型的成年人世界的面子规则，而孩子只是成年人面子规则的一个棋子，从来都不是规则的一部分。

我小的时候，成年人还喜欢玩另一个游戏，那就是家里来客人时，客人会拼命夸主人的孩子，主人则会拼命地贬损自己的孩子，以示谦虚。然而谁都没有在意孩子在一旁听了的痛苦感受，他很想说，他既不需要那么好，也实在没有那么糟糕，他不需要过分的赞誉，更不需要无根据的贬损，而且这贬损竟然还是出自自己最敬爱的父母之口。这是多么残忍的一件事情！如果孩子请求父母不要这样做，父母一般会认为大人只是开玩笑而已，不必当真。另外，父母还会说：“难道还要当着别人的面夸自己的孩子不成?”一套陌生的逻辑让孩子一时语塞。事情不了了之，后续又会重复发生。如果不去互相理解和改变，亲子之间的沟通就会陷入这种恶性循环。

还有的人喜欢故意去抢孩子的玩具，或者要求孩子把玩具让出来给其他人玩，如果孩子拒绝，就会给他贴上自私的标签。孩子真的是无辜啊！成年人总是试图在孩子的世界中占据支配地位。大家有没有想过一个问题：如果你是那个孩子，别人逗你像耍猴一样，你会开心吗？孩子的话语权和尊严，亟待守护！

至于那种喜欢以剥夺母爱为内容的逗乐，比如“你妈妈不要你了，跟我吧”或者“今晚在我家睡吧，别回你家了”这样的方式，这种成年人可以考虑“枪毙”自己一万次了。

第二，父母过分相信孩子的“自由”发展而放任自流，缺乏科学的引导。这种叫作“放任型”。所谓“自由”，不是他想做什么就做什么，而是他有是非判断能力，对不喜欢的生活有拒绝的能力。人的需求有多种层面，孩子也是一样。孩子本身可以获得很多种快乐，比如感官的快乐、爱的快乐、审美的快乐、自我实现的快乐，等等。可是，有的快乐需要付出努力才能实现，而有的快乐太过容易获得，孩子自己没有足够的选择和判断能力，如果任其自由发展，未免缺失了一种人格塑造的目标性，丧失了一种效率。不是说一定要父母去安排孩子的所有发展，而是父母要有能力去判断主要矛盾，并且抓住主要矛盾。

比如，孩子喜欢甜食，吃糖会很开心。如果任其发展，吃糖超量，会伤牙，所以要节制。同样，孩子喜欢玩电子游戏，可是游戏也分为益智的、攻击性的、消遣类的，等等。我会允许孩子玩一定的益智游戏作为休闲，但是绝对禁止孩子玩攻击性的游戏。我甚至拒绝给孩子买刀枪类玩具。有人会觉得男孩本能地喜欢枪，而我认为这没有任何道理。游戏是生活的模拟，如果现实生活中没有枪，那我为什么要让他玩枪？是要培养和释放他的攻击性吗？父母给孩子买了枪，却还告诉他不要冲人打，这不是自相矛盾吗？包括电子游戏中的攻击类游戏，对孩子的社会性塑造没有任何好处，因为在人类社会中生存，不需要培养攻击性，只需要培养自我保护能力即可。当一个稚嫩的孩童，一边在游戏中打着枪，一边嘴里骂着脏话，我觉得这是父母的悲哀。我们的世界，需要沟通能力和自我保护能力，不需要暴力的攻击能力。

在很多重要的事情上，如果任由孩子发展，会产生很多不良的结果。比如，如果任由中学生恋爱，而不加以科学教育，可能会出现一些怀孕的学生。现实中很多人是在心智未成熟的年龄，因为怀孕而被动地选择了结婚，这是非常仓促和冒险的。

我们上小学的时候，有一篇课文叫作《小马过河》。小马要过河，小松鼠说："千万不要，会把你淹死的。"老黄牛说："过就好了，才到小腿。"妈妈说："你可以试一下。"请注意，妈妈在建议小马试一下的时候，是有先期判断的，因为她知道孩子一定没事，所以才会让他试。我们养孩子也是一样，在安全范围内，在不影响大方向的前提下，是可以给予孩子一定自由的。这种自由，是为了增加孩子对世界的体验感，继而使孩子能够热爱这个世界，保持对世界的好奇心，同时也可以增加孩子做事情的信心，有利于孩子的人格培养。对于教育孩子来说，父母内心要有一个轻重缓急的判断标准，不要什么都干预，也不要什么都不干预，更不要错误地干预。

第三，还有另一种放任型，叫作溺爱，对孩子的所有选择全盘接纳，父母毫无价值观可言，孩子就是他们最大的价值标准。一个很典型的例子，就是L姓星二代轮奸作案之后，其母亲为孩子奔走相告，以至触怒了大众，反而葬送了孩子。如果父母对孩子的感官快乐不加以社会化限制，让他知道哪些事情是法律不允许的，哪些事情是法律和道德范围之内的，哪些事情会直接影响一生的前途，那么，他是无知的。他的无知会葬送他的前程，可是他的无知是谁纵容的呢？难道他一出生就是反社会的？当然不是。他不了解社会规则，父母也不了解，其母亲以为人情和关系可以解决一切问题。我只能说，不是自己努力得来的成功便会被自己的无知葬送，并且加倍失去！什么是文明？什么是人性？文明是人性发展的结果，而粗糙的人性却不能代表文明。回到刚才说的话题，人的需求是多元的，但有的需求只能在社会化的过程中变成你的小枝叶，而不是树干。就像一枝花或者一棵树，如果任由其生长，不加修剪，它很有可能是不美的，是杂乱的、歪扭的，是不能合群的。人也是如此。如果一个孩子的所有自然需求都要得到满足，那他的需求必然与他人的需求产生冲突，导致他无法集中力量来发展人格的主体。如果一群人都是这样纯自然的、生物本能的，那么社会是可怕的，会充满掠夺、暴力、冷漠和无情。社会应该是人与人有机地结合在一起，因为一定的共识和利益规则而互相合作的共同体。因此，一个孩子的成长，父母对他个性的判断能力和引导能力，起主导作用。在孩子身上发生的事情，父母要首先反思自己哪里引导不到位，然后做出改正，而不是首先谴责或袒护孩子。

以上三种类型，都是亲子教育中有失偏颇的常见类型。归根结底，父母对主要矛盾的判断能力、情绪自控能力和沟通对话能力是最为重要的。

三、亲子问题：社会转型期价值冲突的结果

对一个人来说，父母应当是他小时候最依恋和最亲密的人——在他很小的时候，他们就靠猜测他的哭声来试着跟他交流。他们在他刚出生时欣喜若狂，在他第一次感冒发烧时恐慌到整夜不能睡，在他第一次从床上摔下时万分心疼、无比自责，在他身体不舒服时想尽一切办法去治疗，也会在他行为不当时严厉呵斥，以防他误入歧途。他们更会在他的婚

礼上偷偷擦拭或开心或难舍的眼泪，在他感到幸福时他们隐身，在他遭遇不幸时他们出现……父母恩情，厚重至极。然而遗憾的是，这里存在一个根本矛盾——中国式的亲子关系，是拒绝沟通、拒绝接纳、拒绝对话、拒绝表达的，所有为对方的付出，都是在自我臆想的判断中，而不是在双方的共识中；在单方面的过分牺牲和对对方道德绑架的追责中；在身份权威的自我感觉良好与弱者的有苦难言中；在自以为做了一切，但对方却毫无感觉的冷漠中。这种关系，动机或许是没有问题的，但效果却是比较差的——沟通不畅导致深层压力突然爆发，而父母作为引发压力的一方却完全不自知，甚至很委屈；孩子更是内心深处歇斯底里却不被接纳，没有任何话语权。

可以说，这个问题，是当前社会普遍存在的问题，能够与孩子进行良性沟通的父母绝对是少数中的少数。长期以来，传统社会把父亲权威抬得很高，这和农耕社会的长老制度有必然关系——在传统社会中，是没有公共空间这一概念的，人也就没有现代社会的公共意识。家庭作为一个整体，家庭成员的命运休戚与共，在一个稳定的家庭结构中，必须由一个绝对权威来作为规则的制定者和管理者，否则一人做错事情，全家的命运都要受到牵连。那时是不强调个体价值的，而是强调家族的价值，所以“三纲五常”就是每个家庭单元的行为规则。但在传统社会向现代社会的转型期，我们发现，随着市场经济的发展，强调效率、公平的公共空间出现了，个体的价值有了凸显的平台，个体渐渐能够脱离家庭的管理而进入社会规则的领域。这时候矛盾出现了。

旧的价值体系认为：父为子纲，对儿子的思想和行为，老子有权干涉，且不需要任何理由；老子说的就是对的，因为老子的经验就是这样的，超出老子经验的一切，都可能是危险的、不稳定的，所以绝对避免儿子接触；既然老子是对的，那么老子就有权依照经验来教训儿子，直到他就范为止；同时，这样才能凸显老子的尊严，儿子一旦出现任何超出常规道德规条的行为，老子的面子就没有地方搁了，只有儿子的行为符合传统观念，老子的面子才能保住；老子的财产是属于儿子的，所以儿子拿人家的手软，就更要服从老子，否则就是不孝。

而新的价值体系认为：儿子不是老子的私有财产，他更希望能够在公共社会空间实现个人价值；儿子面对外部多元化的世界，希望能够同老子一起商量、获得老子的情感关怀，但不希望老子独断；如果老子独断，儿子与老子在表面维持客气和礼貌，内心则会越来越远离老子；如果老子打自己，儿子会质问“凭什么”，如果老子说“因为我是你爹”，儿子可能会说“那我可以不喊你爹”；如果老子依然不理解儿子，凡事还是固执地将道德标签贴在儿子身上，那么儿子便会以毁灭自己的方式来毁灭老子的面子；现代社会消费越来越高，老子给不了儿子太多财产和资源，使得老子意识到自己的权威在逐步下降，被迫认可公共社会的存在，以及超出老子经验的个人价值的多元化追求。

社会转型期导致新旧价值体系并存，旧的价值体系虽然开始屈服，但依然占据一定的文化优势，新的价值体系虽然逐渐有了力量，但尚未形成气候。这种多元价值并存的情况，存在于每个人身上，有的人新价值多一些，有的人旧价值多一些。但无论如何，很多人内心是充满价值冲突的，多少是有些矛盾的，很多时候对待自己是一套价值体系，对待别人又是另一套价值体系，理直气壮的时候是一套价值体系，自知理亏的时候又是另一套价值体系。我见过一些患抑郁症的中学生，他们的内心价值存在极大冲突。我们经常喜欢说“缺乏信仰”四个字，其实这是社会多元价值观的另一种说法，因为价值观太多，人就会困惑，无法持其一而信，否则就会和其他价值观相冲突，可能直接导致跟人家关系不和谐，所以只好什么也不信。

中国人喜欢讲情义，喜欢讲“爱”“责任”和“承担”，这几个词本身没有问题。不得不说，中国人从家庭中获得的支持普遍是比较多的，但与此同时伴随的问题也比较明显，那就是亲密关系会相处得比较累。因为我们喜欢把自己的付出攒起来，等着跟对方算账。也就是说，我们的付出，是有目的的，我们比较缺乏那种纯粹的爱和无条件、不算账的付出。父母潜意识中算账的习惯，会无意识地流露在自己的语言和眼神中，不小心就会被孩子接收到。很多孩子长大后为什么内心会怀有一种莫名的愧疚感？那就是父母无形中给种下的。愧疚感会导致自卑，觉得自己没有价值，继而引发很多后续问题，比如导致做事缺乏自信，人际交往不自信，找对象的标准也偏低，在爱情和婚姻中极度卑微，遇到问题不敢求助，等等。

最好的亲密关系，应该如朋友一般轻松。过多的责任和过多的担当，更多的是我们自己抹不开的面子和原本属于对方的价值感。一段关系，如果你觉得承担了太多，累得喘不过气来，那么一定是你剥夺了对方的价值，而且高看了自己。

说到“遇到问题不敢求助”，我想再做更多的思考。为什么孩子遇到问题不敢求助于父母？父母不应该是孩子成长过程中最亲密的陪伴者吗？我们思考过这个问题吗？其实一个孩子在将内心闭塞起来之前，是会挣扎一番的，是有一系列征兆的。父母是否在乎过孩子给你的这些信号呢？我们经常会觉得，小孩子的思想不重要，小孩子说的话不足为信。这种想法本身就会导致父母和孩了沟通不畅。这个问题是后话。我们这里想说的是，一个孩子不敢求助于父母，是因为之前每次求助于父母，父母的态度都是恶劣的。父母或许会说：“我也没多恶劣啊！我只是有一点情绪而已。”父母须知道，孩子遇到问题时，如果你第一时间把自己和孩子对立起来，想对他进行说教，而不是站在他的立场上理解他，给出最真诚的建议，那么他求助于你是没有任何意义的，不仅没有意义，还会惹一身骚。长此以往，他就会将内心闭塞起来，并且在青春期或者后续某些重要时刻，做出一种滞后的反抗。

因此，父母对孩子的基本态度，事后引起的一连串影响是巨大的。

孩子在遇到重大问题时，不敢求助于父母，还有一个原因，那就是害怕父母的情绪受到影响，害怕更大的亏欠，害怕还不起。所以，要让孩子敢于畅所欲言，下一部分我们会专门谈到这个话题。这里我还想举例说明，如果一个孩子（或者一个成年人）该求助的时候不敢求助，会有什么后果。我们都知道，2011 年有一个叫药家鑫的孩子因故意杀人罪被判死刑。这件事引爆了社会舆论，无数人为之惋惜，并希望通过反思自己，来避免此类事情再次发生。这件事情在很多层面都值得分析，在这里我们只讨论亲子教育部分。药家鑫在开车途中撞伤他人，因害怕担责又刺了对方 8 刀，致人死亡。我们要讨论的是，他是经历了怎样的内心活动，才做出了这些决定。除了法律常识不足，更重要的是，他遇事没有求助父母和他人的习惯。为什么？怕被批评，怕亏欠，怕还不起。他为什么害怕这些？因为在他的意识中，父母从来没有接纳过他的情感和情绪，只要他犯错，父母不是拿戒尺打他，就是把他关进小黑屋。这种军事化管理使他不容许自己犯错，以至于他从小到大都是好学生，获奖无数。然而，这类孩子的弱点恰恰是不知道犯错之后应该以什么样的姿态来面对自己和他人。这种思维习惯是他们在与父母的互动过程中养成的。

这类案例数不胜数。我在给大学生讲《心理健康》这门课程的第一堂课，会给他们讲如何避免怀孕，以及发现怀孕后的心理建设与处理方式。之所以讲这个内容，一方面是为了给大家提神，使学生在谈笑中对心理学产生更大兴趣；另一方面，我见过太多人因为怀孕早期没有及时处理而导致最终不得不生下孩子来送人的情况，这让人特别痛心。在发现这件事的第一时间做出最正确的处理，才能避免后续更大的麻烦发生。然而很多孩子却无处求助！这是很残忍的事实！他们的父母只在乎学习成绩，从不关心他们的情感，也不懂得疏导他们的情感，一旦孩子出现情感问题，父母就会用道德去绑架，比如“我给你花这么多钱是让你谈恋爱的吗”“小小年纪不干点好事”“女孩子家，不自尊自爱”之类的。简单粗暴不可能培养出孩子正确处理问题的能力，这样的父母该反思了。

归根结底，社会转型期新旧价值体系的冲突，导致亲子沟通不畅，双方对话不在一个平台上。这种冲突的最常见标志，就是父母对孩子的习惯性怀疑，或者习惯性独断。

四、亲子互动的技巧

既然父母的榜样作用对孩子的影响如此巨大，那么如何做好与孩子的良性沟通呢？我认为，要注意以下几点。

（一）观察孩子的独特性，学习和尊重儿童成长规律

学会观察孩了，承认和接纳他们的独特性，理解孩子在不同成长阶段的主要任务，帮助他们塑造良好的人格基础，在他们的接受范围内进行科学引导。

我们对孩子的所有教育过程要起作用，就必须建立在接纳孩子独特性的基础上。如果你都不接纳他们，那他们凭什么配合你？你想对孩子施加的影响，又凭什么说是有针对性的、有效的？教育的基础，是站在对方的立场，帮助其获得他作为人想获得的安全感、存在感和成就感。就像搭建房屋一样，下一块砖必须垒在上一块砖上面，是在原有材料的基础上不断建构的。而与此相反的常见做法是，父母试图去说教，试图将自己的既有价值规条直接强加在孩子身上，以自己的既有价值规条作为核心真理，让孩子围绕自己的价值规条转，而不是让价值的建立过程围绕孩子的接受能力转。我们一定要强调的，是孩子的接受能力。

也就是说，不管家长的价值规条是不是对的，首先要考虑的是孩子在当前的成长阶段是否需要这些规条，如果不需要，那就不要强求他们。如果当前他们迫切需要，那么就要在他们的理解范围之内给予引导。如果想针对后续所有可能出现的问题进行防范，那么就要把孩子的认知能力和人格习惯作为根基，提前建立起来。

如果父母经常说教，那么青春期时孩子的“逆反”一定会爆发出来。不是所有的孩子在青春期都会逆反，青春期原本是自我意识的成长阶段，然而那些以孩子“听话”为傲的父母或许有一天要面临挑战。父母首先要做的，不是以自我为中心，而是先去观察孩子。可以说，观察力和接纳能力应当是父母的基本功。

我们应当观察什么呢？要观察孩子的基础性格、行为习惯、情绪、价值需求、整体的自信程度以及求知欲和专注度等。这些方面，大部分是随着年龄的变化而发展的，要给他们充足的时间。

一般来说，孩子在一两岁的时候，就可以看得出来他的攻击性如何。对于攻击性弱的孩子，要培养他的自信和友好，让他敢于表现自己，与他人既可以和平共处，又能够有选择性地拒绝该拒绝的事情。对于攻击性强的孩子，要注意把这种攻击性转化为可利用的方面，注意削弱其破坏力，使其能够融入社会，而不至于被社会排斥。我的孩子恰好是第一种，性格比较温润，攻击性不强，所以我的主要引导方向是希望他能够开心和自信，能够与小朋友玩要得来。在他专注的事情上，我会给他最大程度的自由。他遇到问题时容易哭，我会明确告诉他，出现任何事情都要用语言告诉爸爸妈妈，这样爸爸妈妈才能接收到你的信息，才能帮助你。这是培养他的表达习惯，避免出现问题父母却无法觉察。

三岁的时候，孩子会进入第一次自我意识关键期，也就是开始出现明确的“我”的概念，以及“我的”势力范围。这类阶段的孩子普遍是“自私”的，一般到了四岁，“自私”程度就会降下来，家长不用过分担心，只需在三岁时让他懂得交换的意义，使他有理由做出利益让渡这类动作就可以。切忌当着其他人的面，肆无忌惮地用“自私”这样的词来批评他，更不要强行夺走他心爱的玩具等东西。不要为了顾全成年人的“面子”，而牺牲孩子的安全感。如果想让他把玩具分享给其他小朋友，那就要跟他商量，询问他的意见，并且以交换的方式使他初步形成分享的习惯。“××，那个小朋友想玩你的玩具，可不可以把你的玩具给他玩一下？这样的话，你也可以玩他的玩具。”类似的话语，可以让他感觉他的利益受到了尊重，只有他的利益在家庭中得到了父母的尊重，他才能够在社会中意识到自己的正当利益，并敢于捍卫它，否则长大了就会经常被欺负，在关系中处于弱势。

当然，三岁的时候也不能因为他喜欢，就把所有东西都划入他的势力范围，纵容这种认知。我们除了要保护“哪些东西是我的”这样的概念，更要借机明确“哪些东西不是我的”这样的概念。这样他就有了自己和他人之间的界限感，能够敬畏他人的利益范围，不去侵犯，也可以保护自己的利益不被侵犯，同时用合作的方式去建立和他人的友好关系，这就是社会化。

另外，当他愿意给予和分享的时候，一定要接受，不要拒绝，不要因为出于爱护，而无意中培养了他的自私。很多成年人担心生二胎会导致老大不开心，说有的老大以死相逼，拒绝父母生二胎。遇到这样的问题，成年人要自我反思——你是怎么把孩子培养得如此自私的？是不是你纵容了他的自私，他才如此嚣张地干涉父母生二胎的决定？我见过的大部分孩子，都是欢迎家里的弟弟妹妹降生的，也非常爱护他们，内心的柔软都要把人萌化了。我从来没见过如此嚣张的孩子，说实话，这样的孩子是被父母养坏了。

问题的根源，在于父母无意中骄纵了他，在他儿时曾经想去分享的时候，父母选择了拒绝而不是接受。我举一个常见的例子，孩子小的时候，他吃东西，我会故意问他要一个，让他分享给我（前提是避免唾液交换，保证孩子口腔卫生）。当他给我的时候，我一定会接受，并且感谢他，而不会说“妈妈不吃了，你吃吧”。因为既然我问你要了，就是希望你分享；既然你分享了，我就要帮你完成分享的过程。如果是他主动要分享他的玩具或者食物，而我实在不喜欢，我会明确告诉他我不喜欢；如果我可以接受，我会很感谢他的分享。我绝对不会用类似的事情来逗他玩。而很多成年人就是在逗孩子寻开心，只是试探着玩而已，不是吗？我觉得这样的行为一定要极力避免。

孩子四岁以后，他在幼儿园的学习就开始了。这时候，我们要观察孩子喜欢什么、不喜欢什么，其实幼儿园更多的是以玩的形式让孩子接触更广泛的内容。至于孩子能不能接受，我觉得不急在一时。这时候更要注意的，不是孩子学到了多少知识，而是保护孩子的求知欲和好奇心，保护孩子的学习兴趣，让孩子对学校和老师有好感而不是充满恐惧。据我观察，我儿子比较喜欢搭建类的游戏，比如搭积木，或者把沙发垫子搭成小房子藏在里边躲猫猫。我会鼓励他，培养他在搭积木过程中的耐心和抗挫折能力。上幼儿园时，有一天他告诉我：“妈妈，我不想去幼儿园了。”我问：“为什么呢?”他说：“因为我背不过《论语》和《三字经》，害怕老师提问我。”我当即说：“背不过没事，妈妈跟老师说一声，不要提问你，好吗?”于是，他很开心地继续去幼儿园，我也确实跟老师反馈了这个情况，让老师不要提问他。这样做就是为了保护他的学习兴趣，避免在他能力不及的时候，过分急于让他掌握知识反而引发学习焦虑。另外，这也是出于另外两方面的考虑：一是幼儿园期间要重点以游戏的方式让孩子玩起来，而不是学起来，二是我认为价值观不是背诵出来的。我不是纵容孩子，而是基于这个年龄段的特点和学习目的，综合考虑做出的决定。

幼儿园毕业的时候，他很懵懂，但认识了极多的字。很多人送孩子去幼小衔接班，我没有，并且坚决不去，也不建议任何孩子去什么所谓的“幼小衔接班”。这是教育机构忽悠家长的伪概念。我想问一句，有什么可衔接的？人在没有准备的时候，吸收力是最好的，就像一块海绵，完全干的时候，是吸水最多的时候。我们做任何一件事情，如果准备过度，效率就会下降。没有一个孩子在正式走出第一步之前，需要准备一年。如果一直在准备，反而什么都不会了，比如东施效颦、邯郸学步。如果一个孩子连小学的学习内容都要提前准备，那我觉得大人们未免轻视和低估了生命的适应能力。我想问一下，提前学了一年级的内容，难道就不怕他上课的时候骄傲自满、注意力分散吗？我见过最夸张的一个家长，让孩子上了十个月的幼小衔接班。结果孩子上了小学毫无兴致，完全没有任何新鲜感、好奇心，也没有孩子应有的单纯的快乐，导致学习退步。这简直是荒唐至极！我很想问这样的家长一句话：是小学一年级重要，还是高三重要？未来有孩子吃苦受累的时候，为什么要在马拉松刚一开始的时候就绷紧了神经呢？长跑运动员，一定要轻松上阵。打基础的时候，不要急于狼吞虎咽，不要担心孩子落在其他人后边，而是要保证他每天在学校能够有所收获和进步。说到学习成绩，我倒愿意我的孩子小学期间学习成绩普通一些，尤其是在一些早晚都能学会的科目上。为什么呢？如果要求一个小学生经常考试成绩很靠前，那么他的自我认知便会界定为“我就是很优秀”“我必须很优秀”，有一天他跟其他人对比不优秀了怎么办呢？他就会有强烈的心理落差。那些考上北大清华之后抑郁的孩子不就是自我认知失调了吗？一个人再优秀，也必须首先知道自己是一个“有所不能”的普通人，对未来可能出现的任何挫折要有心理准备，然后再知道自己“有所能”的人，获得自我肯定和真正稳定的自信。

我没有让儿子上幼小衔接班，因为现在的孩子都很聪明，而小学本来进度就够累了，我不想让他提前学习知识（知识本身是没有意义的，加工知识的能力才有意义）。小学前的暑假，我们带他游山玩水，去看世界。在这种情况下，他上小学完全没有出现任何不适应，学习完全跟得上。这件事再次印证了我的判断——幼小衔接是一个伪概念。我接受其他行业存在伪概念，唯独不接受教育市场的伪概念，因为它的对象是孩子。

前文我提到希望孩子在小学的时候成绩普通一些。心理学有一个效应叫“第十名现象”，说的是在一个班级中，学习成绩处于中上游的孩子将来有成就的概率更大一些。当然，这是一个整体的规律，不代表每个孩子都符合这个规律。但是，你见过几个小学老考第一名的孩子，将来一直是考第一名的？太少了。没有后劲了，没有榜样和方向了，没有力气维持“第一名”的标签了，所以他连第二名都懒得做了，觉得丢人，于是泯然众人矣。中小学教育持续这么长的时间，需要的是田忌赛马般的心理战术，而不是步步紧逼地用尽全力。当然，也不能把全部注意力放在孩子的学习名次上，而是要把更多精力放在培养孩子的健全人格、沟通能力上。

小学过后，就是对于儿童成长来说第二个重要的节点——青春期，它是自我意识突飞猛进的重要阶段。这个阶段最考验父母的基本功。独断型和怀疑型父母会和孩子产生明显的冲突，而真正拥有权威的对话型父母则会和孩子相处得更和谐。2019 年，上海的一个男孩因为和母亲在高架桥上发生冲突，径自跳桥身亡。旁观者会指责孩子，但教育工作者首先看到的是母亲的问题。谁不爱自己的生命？可如果连自己最敬爱的母亲都无法理解自己一丝一毫，完全听不到自己反复的表达，我相信这种崩溃程度足以致命。心理学界流传着一句话：孩子的问题都是父母的问题。在这类悲惨事件发生的时候，我们首先要指责的是这位母亲：你和孩子之间的对话到底糟糕成了什么样子？而最要命的是，这种父母对于自己的失职完全不自知。孩子优秀的时候，到处炫耀，给自己长脸；孩子不优秀的时候，把邻居家的孩子搬出来羞辱自己的孩子，甚至在这个过程中不惜歪曲事实。这样的父母一边利用孩子，一边强调"我都是为你好"。你知道什么是对孩子好吗？是对话，是良性的沟通，而不是其他的任何东西。

（二）在肢体接触和语言对话方面，充分满足孩子的价值和情感需求，让他感受到你的无条件关注

在传统的家庭中，孩子普遍比较缺乏温柔的对待。这是因为很多父母分不清楚无条件关注和溺爱之间的区别，担心自己溺爱孩子，却不小心造成了情感忽视，导致给予孩子的情感关注严重不足。无条件关注是一种再多都不为过的情感需求，而溺爱是一种涉及价值判断时放弃任何原则的行为表现。对一个人的关注和尊重，是不涉及任何价值判断的，任何人都值得拥有来自父母的足够关注和尊重，再多都不为过。

小的时候，我生长在农村，特别羡慕独生子女，因为他们可以在父母面前尽情撒娇，父母不仅不会拒绝，还会跟他们亲密互动。而如果我们跟父母撒娇，父母就会说“都这么大了，还和小孩似的，不害羞”之类的话。他们不会接纳我们的亲密请求，我们也被迫学着把这份情感缺失放在心里，再也不敢提起。然而长大之后，我们发现自己得了一种病——“爱无能”。

传统的中国父母，在两方面做得不够好：一是不跟孩子对话，觉得孩子什么都不懂，没有资格跟自己对话；二是与孩子肢体接触太少，端着架子，想让孩子怕自己。其实这两条都是为了树立父母权威来震慑孩子的，担心跟孩子平等相处，孩子会“不听话”。其实父母应当知道的是，亲子之间最大的黏性是爱，是感情，而不是专制型权威。我们可以想一想，婴幼儿最怕父母不喜欢他，最怕父母离开他，仅凭这一条就可以拴住他的一切，父母就是他的天。人的本性非善非恶，人的本性是爱。爱可以消除一切痛苦，爱可以拯救一切悲观，爱可以给一个人最大的勇气和动力。人不是神仙，有七情六欲，不可放任；但人也不是野兽，不需要以他人的意志来管制自己的意志。人就是人，人需要对话，需要尊重和理解，需要鼓励和爱，需要引导和提升。引导不得当，孩子可能变成人格不健全的痛苦的人，或者碌碌无为的平庸的人；引导得当，孩子会成为最好的自己，成为一个有尊严、有价值、平和而有所成就的人。即使孩子在与父母的相处中遗留了什么问题，孩子也可以利用后续的人生来修复某种缺失或者创伤。然而，有些缺失是不可以修复的，或许缺憾也是人生的一部分。

随着时代的发展，人们的观念已经有了很大转变，但这两条做得还是不够。比如，越来越多的父母开始敢于表达对孩子的爱，能够亲孩子、抱孩子，但是亲子之间沟通和对话的能力依然不够。其实沟通和对话的前提，是父母认真、尊重的态度，当孩子有诉求时，父母要认真面对，不管是接受还是拒绝，或者给出什么答案，都要避免情绪化，而要明确给孩子一个真实的答案，不要糊弄孩子。比如，我七岁的孩子经常希望我与他一起看动画片，我不会总是接受，也不会总是拒绝，我会让他知道我和他是独立的两个人，我有资格拒绝他，也会因为在意他的感受而接受他。“妈妈，我想让你跟我一起看海绵宝宝，你想看两集还是一集?”我可能会说：“好的，这会儿我有时间，我想只看一集，因为我不喜欢看海绵宝宝。”他会试图说服我：“妈妈，这一集很好笑的，你一定要看。”我为了让他有成就感和被接纳的感觉，答应看一集，并且认真地陪他看。他会时不时地观察我有没有真的在看，因为在孩子眼里最亲近的人还是父母，他希望父母是可以分享他的快乐的，这样他会更快乐。不是有一句话叫作“众乐乐”嘛!

但我也不会总是接受，因为我有自己的事情，而且我希望训练他能够尊重别人的拒绝。当然，这种拒绝一定不能是凶神恶煞的，一定是陈述语气。句式是这样的：“不行呢，因为我现在忙着……”比如我会说：“不行呢，我现在不想看海绵宝宝，我正在谈生意。”“我正在吃饭呢，我吃饭的时候不要让我看海绵宝宝。”父母要拿捏一个度，就是让他敢于跟你提要求，敢于在你面前说真话，但同时又可以接受和尊重别人的不同意见。如果父母拒绝过度，很少接受孩子的请求，那么他会不敢再跟你提请求，也不敢跟你讲真话，习惯于对你隐瞒，这样你们的关系就会人为地被拉远，青春期的时候他一定会更加闭塞，麻烦就会产生。而如果父母总是接受，从不拒绝，那么孩子会接受不了其他人的拒绝，陷入自我中心，人际交往能力会受影响。

另外，小孩子想跟你说话时，你一定要蹲下来，或者把他抱在腿上，保持和他眼睛平视的状态，看着他的眼睛、扶着他的胳膊或者腰身，跟他平静地、愉快地说话，让他感觉父母是重视他的言论自由、重视他的想法的，这种态度本身就是亲子关系的润滑剂。

父母要倾听孩子说话，如果他语言能力有限，说得比较慢，父母也不能急于打断他，而一定要等他说完；如果他词穷，无法表达，就帮他补充完整。倾听是极其重要的一步，如果这一步做不好，而是经常打断他说话，或者他说话时你不认真听，或者他表达完之后，你习惯于笑话他、质疑他，那么，放心吧，当他不愿意跟你敞开心扉的那天到来时，你哭都来不及。

倾听之后，我们要做什么？不管赞同还是有异议，我们首先要做的，是复述他的大体意思，表示我们听懂了。句式可以是这样的："你说完了，是吗，宝贝？我听懂了，你是说……对吗？……嗯，好的。这个问题我是这样看的……你大体能明白我的意思吗？你赞同吗？"

如果孩子不能理解你的意思，你可以用比喻的方式来进一步阐述，或者以讲故事的方式来映射一些思路。比如有一次，我开车速度达到120km/h，我告诉他现在车速其实很快，只是我们在车内感觉不到。他不理解。我给他解释说，车玻璃有这样的功能，并且说："如果我们骑摩托车开这么快，你就会觉得好害怕啊，开得太快了。"我很夸张地给他表演，他哈哈一笑就想象出来了。另外，比较小的孩子不开心又不想说的时候，我们可以用讲故事的方式引导他说。比如，我们问："小兔子和小狗放学了，但小兔子不开心，你猜他为什么不开心呢？"他可能就会把自己不开心的原因映射到小兔子身上。

另外，在跟孩子对话的过程中，切记要坦诚，不要为了达到目的而不择手段，不可以故意欺骗他，否则你给他的答案不会对他的认知有任何促进。如果有的事情不方便详细地讲，可以简单一提，或者告诉他："妈妈也说不清楚，等你上学的时候老师会讲到这个的。"他会对答案有一种期待，不至于被误导。传统的父母是很喜欢吓唬孩子的，比如，"快睡觉，要不然妖怪来吃你"。试想一下，如果你是孩子，被这么一吓，还能睡得着吗？另外，有一天他发现根本就没有妖怪，他还会相信你吗？还有，我们很忌讳的一件事，就是凭空给孩子增添不必要的焦虑和恐慌。人本来就是存有恐慌的，比如对于生死的本能恐慌，我们为什么不去化解不必要的恐慌，而要平添更多的恐慌呢？

我的孩子在六岁多的时候，开始意识到人生命的脆弱。有一段时间，他觉得自己的小脚趾太脆弱了，睡前总是害怕会有坏人来掰断它。这当然是不可能的，我就用幽默的方式来帮助他放松心情。我抚摸着他的肩膀说：“啊？怎么可能？坏人难道会在见到你的时候，先把你的鞋带解开，再把你的鞋子脱下来，然后把你的臭袜子脱下来，去掰你的小脚趾吗？他为什么不直接打你一下呢？”他被这个画面逗乐了，然后意识到了自己焦虑的不合理性。如此几次之后，他就不再焦虑小脚趾了。

他也问过我死亡的问题，说自己怕死。我说：“有一个方法可以让你不害怕，那就是每天都做开心的事情。”他说：“妈妈，我不想让你死。”我没有告诉他我一定会离开他，因为他现在不能接受这个画面。我笑着说：“妈妈不会的。”然后，我紧紧抱了他一会儿，他内心就很满足。其实有时候我们不是必须给他一个客观真实的答案，而是要给他一个安慰，建立他内心的安全感。

除了对话之外，还有一条很重要，那就是充分的肢体接触。从孩子很小的时候起，我就在他或睡或醒的时候，有意识地去轻轻抚摸他的头发、眉毛、额头、耳朵、小手、小脚以及其他肢体部分（避开生殖器官），这样的习惯是为了让孩子有安全感。你不能让他成为一个“皮肤饿了”的孩子，否则他长大之后会饥不择食。当然，孩子到了青春期，变得更加独立之后，可能开始更多地关注自己与外界同伴的关系，对异性父母过分的肢体接触多少会有一些排斥，那到时候再进行调整。

所以，父母的第一职责是给予孩子足够的情感和安全感，让他觉得不害怕、不恐慌，能够有勇气去面对生活和学习中的困难。父母的爱和对孩子的肯定，就是孩子最大的信念。有爸妈在，孩子不用担心任何事情，只管放心地前行，成为更好的自己。

（三）保护孩子对世界的好奇心和求知欲，帮助他战胜挫折，并敢于继续挑战

保护孩子对世界的好奇心和求知欲，远比掌握知识和学习成绩本身重要千百倍。现有的知识是人创造出来的，我们学习知识的目的不是为了记住它，而是为了在思考时有素材可以依托。儿童学习的最终目的，是在学习的过程中成为有更好思考能力的人。一个能提出问题，并且在一定程度上解答问题的人，才是未来社会真正需要的人，才是能够在人际关系和工作中不卑不亢、踏实前行的人。我们会发现，越是高等教育，越是强调人的独立思考能力。这种独立思考能力，

不是对无根据的直觉的偏执，也不是对异议的盲目排斥，更不是与大众观点为敌的叛逆，而是尽量用真理来指导自己的判断。

因此，孩子小的时候，所接触的大自然、人类现象，以及学科知识等，都是为了将来加工信息所用。我们要让孩子对人类世界产生好的印象，从而对他人是友好的，是亲社会的；对自己是有信心的，是勇敢的，等等。人生总会遇到挫折，父母要陪伴孩子战胜挫折，帮助孩子做好心理建设。

我儿子小的时候，特别喜欢搭建积木。可是积木搭到一定高度之后，肯定会倒，这是必然的。最初积木倒的时候，他会非常生气和沮丧，不能接受。越是孩子情绪激动的时候，父母反而越要镇定，给他做出好的榜样。这时候我会很耐心地反复告诉他："积木到了一定高度之后就是会倒，妈妈搭的话也会倒，任何人搭高了都会倒。"而且我会示范给他看我搭高了会倒的过程。与此同时，我还要安抚他的情绪，并伴随温柔的肢体接触："没关系的，没事的，你已经搭得很高了，比妈妈搭得高。"这时候我们的目的是鼓励他能在受挫之后敢于继续尝试。因此，我会说："积木倒了，我们捡起来，重新搭就是了。"这时候，他更需要知道的是他"要做什么"，而不是"不要做什么"。我们不可以否定他的情绪，因为情绪是人最难控制的东西。我们不能只是说"不许哭"或者"不要一遇到问题就哭"，因为这样的要求对孩子来说未免太难做到，就算是成年人，也做不到控制自己所有的情绪。相反，情绪是需要疏导的，而不是用来憋住的，长期憋住情绪的人，就像一口没有放气口的高压锅，总有一天要爆炸。

另外，父母要对孩子的情绪有所预判，在他受挫之前，先帮他做好心理准备，并且帮他想一个他能接受的理由。比如，我儿子一开始学习用筷子的时候，夹什么掉什么，我们可以判断，他一定会灰心丧气。于是，我在他用筷子夹土豆之前，这样引导他："我们来看一看这个土豆乖不乖，如果乖的话，我们就可以吃掉它啦!"这样一来，就算他夹不成功，他也不会归因于自己的能力，而是归因于土豆。我们这么做的目的，不是为了让他学会推卸责任，而是为了帮助他接受失败，并且鼓励他再次尝试，直到学会为止。因此，他就算夹不到土豆，也会很开心。

当然，不管发生什么事情，老祖宗都喜欢把自己当作受害者，其实这是错误的。比如，孩子摔倒了，要怪地面。妈妈惹孩子生气了，不问青红皂白要打妈妈。这都是先期判断错误。还是那句话，我们要先观察孩子的反应，再采取措施。实际上，孩子摔倒了很少会哭，大人没必要着急忙慌地去打地，责怪地面不平。实际上，我们应该借此机会告诉孩子如何避免类似的情况，而不是作为受害者自怨自艾。另外，妈妈惹孩子生气了，也未必是妈妈的错，不问青红皂白地打妈妈对孩子没有任何帮助，只会让孩子学会以自己的情绪为中心，把孩子培养成一个缺乏判断力的任性的孩子。我们有时候要帮助孩子为自己暂时的能力不足找理由，跟这两件事的性质截然不同——后者属于人为地制造焦虑和矛盾，而前者属于安抚多余情绪、把关注点放在后续练习的一种转移注意力的归因方式，因为学会这些事情不需要情绪，只需要多练习。如果一件事很容易就可以学会，或者一件事需要有对错的价值判断，那么就不能随便帮孩子找借口，而是要强迫孩子面对这件事。

很多事情，父母一定会比孩子做得好，这种情况要注意，孩子会不由自主地把自己和父母进行对比，如果比父母落后很多，他会很沮丧。因此，在陪孩子玩的时候，一定不要过分凸显父母的能耐，要保持水平与孩子齐平或者略好，但也要假装输几次，以便让孩子获得成就感。要多鼓励孩子，表扬他的进步，不要打击他，不要让孩子成为家长自我欣赏的陪衬。记住，我们的目的是培育孩子的自信，而不是反衬自己的能耐。比如，我儿子刚学画画的时候，画得很不规范，也不好看，但是我们都认真地去看，发现他进步的地方，并且加以鼓励："这次画得好圆啊！你看昨天，你画得都没有这么圆，你太厉害啦！"不要笼统地去夸赞，而是要夸赞细节，因为笼统地夸赞太不用心。

另外，我儿子在练习跳绳的时候，如果他跳不好，我也不会跳得特别好，否则他会受挫（需要具体观察，不同孩子个性不同）。我在指导他的时候一般会用这样的句式："妈妈发现了一个规律，你看对不对？就是我们跳绳的时候要……比较容易跳过去。你试试行不行？"这样会让他觉得，这是我刚刚观察得来的规律，而不是我的能力使然。另外，这只是我的个人判断，需要请他尝试、验证，然后再判断。这样我们就避开了他的能力归因，他也更有耐心去尝试。而用说教的方式告诉他什么是对的，他如果做不到，就会担心自己达不到标准而拒绝练习。比如，“你这样画画是不对的，你这里画得不好，那里画得不好，你应该这样画”，我们回味一下，是不是压力好大？

另外，我经常会说：“哇！你好厉害，妈妈小的时候都没有你做得好。”用我小时候的水平跟他现在的水平来对比，会更加自然。有必要的话，我甚至会编造一个故事来舒缓他的情绪。比如有段时间他老尿床，他很难过，说“我老尿床，我不是好孩子”，并且伤心地哭泣。他已经够自责了，况且他只是没发育好而已。我不能责怪他的能力，也不能责怪他的态度，只能安抚他的情绪。于是，我编了一个故事，说爸爸小时候如何如何更丢人，把他逗得哈哈大笑，他也因此觉得自己没有那么糟糕。这是帮助他树立自信的过程。不管孩子什么做不好，我们只要帮他找一个理由，他就可以给自己一个台阶下，在自我认知方面更加客观，更加容易接受自己能力不及的事实。让孩子知道“因为我是小孩，所以不如大人做得好，这是正常的，不必过分烦恼，因为妈妈小的时候还不如我呢”。当然，还是那句话，我们的目的不是为了让他自甘堕落，而是要告诉他另外一点：你作为一个小宝宝，已经做得太好了！妈妈太喜欢你了！一个人能坦然接纳自己当前的不足，并敢于试探自己能力的边界，才是一个完整的人。

另外，在我儿子独立做事能力还不足的时候，我正好借机培养他的合作意识。有一段时间，他喜欢钻到我宽大的T恤里，把脑袋露出来，让我抱着他走路，假装我们是一个躯干、两个脑袋的人。我灵机一动，很夸张地边走边说："我们是巨人。"因为抱着他走路比较艰难，所以我说："我们是巨人，但我们很笨，我们总是摔倒。"每次摔倒在沙发上，他都特别开心。我同样也会强调另一点："我们是巨人，我们力气很大。"在日常生活中，当我觉得他需要我的辅助才能完成一件事的时候，我会给他一个说辞："我们是巨人啊，我们一起可以做得更好。"这样既不伤害他的尊严，又能够让他接受团队合作。当然，很多方法确实是在跟孩子游戏的过程中灵机一动产生的。我相信，只要我们用心，就一定会想出各种办法来帮助孩子更好地应对挫折，实现成长。

（四）判断事情的轻重缓急，在可能的范围内，给孩子留足选择权和自我管理的空间

如果父母什么事都要帮孩子管理，那么父母是不可爱的，因为孩子会觉得父母不尊重他、不相信他，这样也难以培养孩子的独立能力和自信心。当然，我们肯定不可能所有事情都相信孩子，因为有些事情涉及大是大非，甚至一次错误都不能犯，否则后果就很严重。我们把这样严重的事情挑出来，告诉孩子明确的行为标准，其他事情就可以充分给孩子选择

的权利、试错的权利，以及自我管理和自我负责的空间。

其实小马过河的时候，马妈妈之所以建议他尝试，也是因为马妈妈内心有预判，知道自己的孩子不会有问题，才告诉他“你可以尝试”。很多事情，只有经历了，才能体会。不给孩子经历的机会，孩子永远都无法感同身受。那么，哪些事情可以给孩子自由空间去经历，哪些事情不可以呢？一般来说，有两类事情我认为是最重要的：生命健康和人格塑造。如果不是威胁到这两件事，我一般很少去干预孩子，尽量在安全范围内给他最大的自由体验空间。但是如果涉及健康、安全、礼貌、专注、情绪管理等方面的问题，则须格外重视。也就是说，不要事事干预，而是要有选择性地重点干预，告诉他需要注意的方面，让他自己去把握。在需要重点干预的事情上，则要说到做到，让孩子知道哪些事情是严肃的，哪些事情是开心就可以的。

在这个过程中，父母一定要重新思考，不要直接采用上一辈或者他人常常持有的观点。切记，别人流传的不是你的价值观。

比如，下雨之后小孩最喜欢的就是玩水洼。大人习惯性地会去阻止，但是我建议凡事多做“无罪推定”，而不是“有罪推定”，尤其是生活琐事。当然，不玩水洼，身体是最干净的。可是玩了水洼又能怎样呢？对身体有什么伤害吗（前提是水就是雨水，地面就是花园的地面，没有什么污物）？答案是没有。于是，我允许我儿子玩水洼。作为母亲，唯一要做的，就是帮孩子挽起裤脚，避免引起不适。于是，那次雨后，我的孩子是公园里唯一一个被允许玩水洼的孩子。他开心地蹦来跳去，其他孩子羡慕不已，却被家长无情地拉开。这时候，我觉得其他孩子很可怜，而我的孩子很幸福！等他不想玩了，我给他擦干净，换一条备用裤子，带他回家。

很多人带孩子的时候，经常说这不能做、那不能做，对孩子限制过多。其实我们应该最担心的是，太多限制会直接影响孩子大脑的活跃性、开放性、创造性，以及信息加工的能力，也就是影响孩子的智商和情商，所以建议父母们认真对待。对于孩子玩游戏，不要只考虑干净和体面，那是成年人的事情，汗流浃背、弄脏衣服、欢呼雀跃、天真烂漫，是孩子独有的特权。

总之，判断一件事情对孩子来说重要不重要，一方面要站在生命的长度和高度来看待，如果这件事在生命长度中依然重要，那就是真的重要；如果在生命长度的比较下，不值一提，那就不重要。因此，健康安全和人格塑造对孩子来说是最为重要的。另一方面，鉴于我们经常会以自己的喜好和经验对孩子的成长做出判断，从而导致偏离科学的误判，我们一定要习惯于向心理学专业人士进行咨询，及时调整，及时止损。

（五）建立和保持良好的沟通机制

很多父母在教育孩子的过程中，存在不少顾虑。其实，我们无法判断人生会发生什么，无法判断小家伙会长成什么样的人，也无法判断我们未来会经历和面临什么样的问题。但是，不管未来发生什么，只要亲子之间一直存在顺畅的沟通机制，那么事情就解决了一半。相反，如果亲子沟通不顺畅，那么亲子关系会越来越疏远，父母也无法在关键时刻让孩子体会到温柔而有力的亲情支持。

很多惨烈的事情之所以发生，归根结底都是因为亲子之间的不良沟通。2019 年 4 月 17 日晚上 10 点，一对母子在上海卢浦大桥发生争执，男孩要求母亲停车，然后迅速拉开车门，跳桥轻生，母亲捶胸顿足，后悔万分。据悉，男孩 17 岁，是某职校二年级学生。当晚他与同学发生矛盾，母亲就此批评了他，这成为他跳桥的直接原因。我们在此不要做任何价值评判。我知道很多人可能会说“现在的孩子越来越难管了”。请停止！给人贴标签是最简单粗暴的行为，也是很常见的抬高自己的方式。然而，如果这件事发生在自己身边，你还会这样简单粗暴地制造舆论吗？你们考虑过孩子的感受吗？到底是什么逼迫孩子跳桥？这是我们要讨论的问题。不要随便否定那个孩子，否则，你与他的母亲无异。

心理学对人的基本要求，就是一定要具备接纳和共情的能力。孩子都是天真烂漫、对父母无比依恋的，没有哪一个孩子生来就是反抗父母的。为什么长大之后，他变得如此焦躁？对一个单纯的孩子来说，父母是他的全部情感支撑。发生任何事情，他都希望可以跟父母分享；产生任何情绪，他也都希望让父母知道。他希望父母可以帮他分担情绪，并不希望父母站在他的对立面对他进行点评。否则，他所有的坦白和诉说，都成了自取其辱。如果父母被你放在内心第一位，然而他们却仗着自己的身份，对你横加指责、各种不信任，你会不会崩溃？从这个角度来说，我们是不是可以从某种意义上理解那个跳桥的孩子？相反，如果一个孩子已经放弃与父母沟通，那么他就不会与父母坦诚交心，就更不会在乎父母的批评，因为他已经不在乎了。

珍惜孩子对自己的依恋，保护好这份情感，保护好自己在孩子心中的位置。别逼着你的孩子，对你不在乎。

我们之所以分析这件事，是不希望更多的孩子因为和父母的沟通障碍而苦恼，也希望有沟通障碍的家庭可以得到专业人士的帮助。孩子要知道，总会有人帮你跟父母沟通，所以不要用自己的冲动去惩罚别人，别人不会永远记得你，哪怕是你的父母。为你的生命负责的人，只有你自己。

好的亲子关系，当如同密友——轻松愉悦，可以引导，但互相尊重。我记得我儿子还在上幼儿园的时候，我带着他一起去买夏天的童鞋。从进店到离店，童鞋店老板对我们俩的关系赞不绝口，说第一次见到这样快乐、简单、密友一般的母子关系。她说，一般的父母都会对孩子吆来喝去，命令式的句子比较多见，父母黑脸、孩子心烦，吵得好不热闹，或者冷淡得太明显，只有我是把孩子当“人”看，母子融洽相处的。我们在店里到底互动了什么，以至老板如此赞赏？其实倒也比较简单——我从一进店，就跟孩子互动起来，给了他选择权。我问他：“你喜欢啥样的？”他会表达自己的喜好。实际上小孩子的喜好有时候不足为凭，是存在很强的变动性的，所以如果我不想买他选的那件，我会说出我的建议，并且说明理由。比如：“我觉得这个也很好看，因为……要不然你试一下这双行吗？”他也会很愉悦地接受我的建议，并且最后决定买我选的那双。整个过程，我们欢声笑语，我个人也认为这确实是亲子关系的最佳互动状态。

因为我们之间的沟通渠道是畅通的，所以我不担心他未来遇到任何问题。我不会主动关闭那个沟通渠道，而他也一定会需要我。这样的孩子不会有青春期“叛逆”，因为一根弹簧自然放松的时候，没有任何回弹力。他可以长大，他可以更独立，但他永远需要我，因为我是他不可替代的好友，我永远最懂他，留在他内心最深处，而且永远不抛弃跟他的密友关系。没有人比我更适合做他的终生密友，不是吗？

如何保持良好的亲子沟通机制呢？我认为，需要做到以下几点。

第一，鼓励他在你面前坦诚、诚实。

孩子在成长过程中会面临各种问题，对成年人来说，这些都是自己经历过的小事，而对孩子来说，却是天大的大事。如果有父母的有效帮助，而且孩子能够接受父母的帮助，事情完全可以圆满解决。然而有的孩子却被某个问题困住了，毫无章法地自行处理，结果越弄越糟糕。如何保证孩子遇到任何问题都可以获得父母的有效帮助？首先就是父母一定要鼓励孩子在自己面前坦诚、诚实。这非常有利于双方信息的对称和沟通的高效。

当然，我们不是说孩子在任何场合、对任何人都要诚实，因为不是对所有人都有必要交心的，孩子的世界太简单，起码遇见坏人就不能死守着诚实这一条。不过，在父母面前，孩子一定要诚实。

请父母注意，这不是对孩子的要求，而是对父母的要求。父母做好了，孩子一定会喜欢在父母面前保持诚实；父母如果做得不好，孩子一定会本能地封闭自己，或者撒谎欺骗父母。哪怕是善意的谎言，如果孩子经常使用，那么我觉得父母或许合格，但肯定不够优秀。

如何使孩子保持诚实？首先，要告知他一点：“孩子，我希望你在爸妈面前是诚实的，有任何问题都不要隐瞒，不要说谎。”其次，很重要的一点是，当孩子做出诚实的行为时，父母一定要给出肯定和鼓励。我喜欢在孩子保持诚实时，耐心地听他说完，并且蹲下来看着他，给予肯定：“今天这件事，妈妈非常高兴你诚实地告诉了妈妈，所以只要你在妈妈面前诚实，妈妈就永远理解你。虽然你做得不够好，但是妈妈很开心你告诉了我。没关系，你是一个诚实的孩子，如果你想要更好的结果，那下次好好争取!”再次，孩子喜欢隐藏自己是正常的，尤其是大人明确表示不允许的时候，在这种情况下，我们可以适当放宽标准，来换得他的诚实。比如，我儿子想偷偷拿两块零食被我发现，我说：“你不要藏了，你想做任何事情我都能猜到，我可以允许你吃一块，但不能吃两块。”我们这样成功地交换了条件，既给了他适当的满足，又捍卫了我的尊严，而且还鼓励他在我面前诚实，一举三得。最后，亲子之间要尽量知无不言，避免重要的内容成为交流盲区。比如，对于钱的态度，以及对于异性的态度。父母要敢于主动引导话题，并帮助孩子树立正确的价值观。发挥价值观的导向作用，一方面父母要明确给出要求，另一方面要说明为什么给出这样的要求，孩子理解了原因，也就能更好地保证贯彻正确的价值观。

在此给父母的建议是，把自己希望鼓励的行为用最清晰的语言告诉孩子，并且每次孩子做出这样的行为时，给予明确的肯定。只有这样，行为才会持续，才能为后续的所有沟通打好基础。

最好的教育是身教，而不是言传。因此，下一点也是父母一定要做到的，这样才能保证孩子也做到。

第二，礼貌倾听和尊重对方。

父母对孩子，要有礼貌。礼貌，是良性关系的共同特征，也是不良关系普遍缺乏的要素。

当孩子说话时，父母要看着他的眼睛，并且配合适当的点头等动作，让孩子感受到父母的真诚倾听。父母做到这一点之后，才能培养孩子也做到这一点。

为什么有的父母和孩子之间，沟通那么困难？明明把自己想说的都说了啊，为什么对方听不懂呢？如果一直听不懂，要么导致双方放弃沟通，要么双方就会争吵起来。而争吵的根源，不在于观点有异，而在于态度不端正——对方很认真地反复跟你表达，然而你却让他感觉你没有倾听，并且故意绕开他的观点，对方根本没有感觉到你的认真倾听所带来的尊重。如果你认真倾听、认真思考了，哪怕最终不能达成一致意见，双方也是可以接受的。人与人之间最好的关系，是可以“求同存异”，人没有必要那么小气，但归根结底态度要明确表达出来！

有的家长说孩子在青春期叛逆，很难管理。其实，他只是个孩子而已，能玩出什么花样呢？面对这样的问题，父母首先要问自己一个问题：“我认真倾听孩子的表达了吗？我向他表达我的理解了吗？”这类父母容易犯的最大错误，就在于不愿意倾听对方，还想说教，让对方倾听自己。这不是矛盾吗？孩子凭什么听你说教？因为你有道理？不是的！如果孩子肯听你的，往往是因为你充分尊重了他，所以他可以大度地接受你的不同意见。

相反，如果父母对孩子说的话总是忽视、不理解，甚至蔑视，那么你的说教哪怕有一万个道理，他也不愿意接受。

我们首先说正确的示范。比如，“哦，是这样啊！我听懂了，你的意思是……对吗？我能明白你的意思，就是说，在……情况下，会这样……可是我还有不同的观点，你听一听有没有道理啊。我觉得……你觉得我说的有道理吗？”正确的做法，往往是先复述对方的意思，然后以平等商讨的语气提出自己的不同见解。父母要养成习惯，不是说回答每个问题都要这么烦琐，而是说在正式沟通的情况下，可以这样礼貌地回答。

其次，错误的做法往往缺乏这一步：没有先肯定对方。既没有复述对方的意思，也没有去部分肯定对方的观点，而是直接反驳对方，或者对对方的问题避而不答，这是最容易激怒对方的做法。习惯于对孩子进行说教的父母，请注意一下这点。

第三，能用语言表达的，就不用情绪。

孩子小的时候，喜欢用哭来表达情绪，对于婴儿来说，也只能以这样的方式向外界传递信号。然而，随着孩子逐渐长大，我们要提示他，多用语言来描述问题。能用语言表达的，就不要用情绪。情绪只能让别人知道你不开心，但没法让人知道你为什么不开心，以及你希望别人怎么做。因此，用语言表达意识，是需要父母着重去提醒孩子的。

我们不是说情绪不重要，情绪是人情感的重要组成部分，如果没有情绪，也就没有了向往美好生活的驱动力。一个人只有不满意，才会愿意去改变；只有自卑，才会想获得自信。情绪是非常重要的，其意义是多元的，不容抹杀。因此，父母在做这一点时，也要严格避免走向过分追求理性的极端。如果一味压制孩子的情绪，导致孩子丧失了情绪表达能力，那将是更加可悲的。因为对情绪的压制，会导致孩子憋出“内伤”，身体瘀滞、心理不轻松，容易出现各种身心问题。

比如，我儿子刚开始下围棋的时候，一旦丢子，就会哭。我当然不能纵容他哭，但也绝不会因此而批评他。跟孩子的所有对话，都要温暖而有力。我会说：“孩子，在这一局还没结束的时候，谁都不知道结果，所以你现在丢子并不意味着最后会输。不要着急哭，先稳住，下好现在的这一步。”也就是说，不要只是告诉孩子“不要做什么”，而是首先告诉他“要做什么”。当然，孩子好胜心强是好事，我们不可能要求他一次就改掉爱哭的习惯，但也不要因为这件事指责他，而是要给他一段时间去反复听这些话，反复对他进行鼓励和引导。其实好的父母最大的特点之一，就是耐心和鼓励。而不够好的父母，才会动辄就发火、打骂孩子，凡事比孩子还急躁。这看似是严格要求孩子，实际上是自己能力不足的表现。

我听说有一些从小学艺术的孩子，受到的体罚是比较多的。当然，现在情况越来越好了，教育方式越来越先进了，但也不排除还存在不少这样的现象。比如，一些学钢琴的孩子，小手没少被打，有的家长甚至打得太严重了，直接用皮带抽。一般来说，这样是很难培养出天才少年的，只会培养出一个心理焦虑的不健康的人。正确的方法应该是，告诉他要做什么，要如何训练，并且陪伴他训练，使他稳步前进，既保持心理健康，又成为专业人才，这才是我们教育的目的。电影《爆裂鼓手》讲的就是这样一个故事。

第四，求助、说服和拒绝的能力。

人是社会化的存在，要培养孩子的社会化能力，离不开日常生活中与他人的双向沟通能力。当个人无法完成任务时，要学会适当求助；在希望与他人合作时，要能够站在对方的立场上进行说服；遇到自己不愿接受的事，要有能力拒绝，而不是一错到底。

双向沟通，归根结底是礼貌以及距离拿捏问题。不要距离过近，以至侵犯了对方的自我空间；也不用太远，否则没有沟通效果。既尊重对方，又站在对方的立场考虑；既有自尊，又有亲和力；拒绝的时候，简单明了即可。其实这些能力在生活中处处都用得着，如果父母擅长，那么孩子很容易就学会；如果父母不擅长，可以着重让孩子去学习这类能力。

（六）针对个性，因材施教

任何一种个性的人，都可以培养成不同领域的精英；任何一种个性的人，也都可以非常平庸。归根结底，要看父母是否尊重孩子的个性，并且愿意针对孩子的个性选择适合孩子的未来发展方向。在实际生活中，很多父母不了解个性的分类，以及不同个性的优缺点，不能做到尊重孩子的独特个性，满眼看到的都是自家孩子的缺点和别人家孩子的优点。父母首先要调整自己这种过分焦虑的状态，才能带给孩子更多积极影响。

父母要明白一点，孩子的个性有父母的影子，当你担心他的时候，不妨回想一下自己的过去，在你处于他这个状态的时候，你希望被如何对待？你希望父母如何引导？父母要站在孩子的立场，换位思考，避免把自己的焦虑传递给孩子。

一般来说，孩子的气质类型以先天遗传为主，做事方式和人格特点则有很大的后天教育和成长空间。父母要对孩子的气质类型有一定的了解和判断，并给孩子提供好的同伴圈子和榜样。

前文提到，人的气质可以分为多血质、胆汁质、黏液质、抑郁质四种基本类型，在此基础上，每个人的气质是不同类型的组合。我们通过充分的观察，可以大体判断一个孩子的气质类型，从而对其优缺点进行一定的预判。当然，孩子是不断成长的，在不同的年龄段，孩子拥有很多共性。我们在判断的过程中，也要避免过早地对孩子的个性做出绝对化判断，更不可因为自己的理解不足而对孩子感到失望。

多血质的孩子属于典型外向型，活泼好动，爱说爱笑爱闹，比较好哄，不固执，也能自己玩，对他人比较友好。这类孩子非常擅长沟通交流，有合作精神，但同时要注意培养他的注意力稳定性，以及做事情的毅力，避免因为过分爱动而难以专注。对这类孩子，父母往往非常满意，孩子也更容易给予积极的反馈和互动，成长历程比较顺利。

胆汁质的孩子，也属于外向型，情绪容易处在至高点，情绪色彩比较重，容易亢奋、激动、愤怒，攻击性相对强一些，但同时对社会又具有很强烈的主人翁意识，认为自己对社会有责任。在大人看来，这类孩子爱管闲事，正义感明显，容易上纲上线。父母要给这类孩子足够的存在感，鼓励、肯定他的积极方面。这类孩子如果受到良好的教育，会成为社会中的精英人物，做出不同凡响的成就。但因为父母觉得这类孩子比较“不听话”，比较“难管”，所以容易对其体罚，对其生气，亲子之间难以形成良好的沟通机制。因此，父母要注意，在这类孩子情绪激动的时候，要学会安抚他，引导他说出内心的想法，从而缓和他的情绪，避免其因做出违反规则的事而受到惩罚。同时，这类孩子比较有主见，能够主导自己的人生，父母要注意尊重他的选择，让他对自己的选择负责。只有能负责，才可以去选择。这类孩子吃软不吃硬，要动之以情，晓之以理，帮助他成长为不可多得的人才。

黏液质的孩子属于内向型，这类孩子非常沉稳，不苟言笑，相较于其他类型的孩子，没有太明显的情绪色彩，也没有太多的喜好，但是执行力非常强，不管自己喜欢不喜欢，都能够保质保量地完成任务，管理能力、决策能力非常有培养潜力，未来适合做管理工作。父母要注意，虽然这类孩子比较沉稳，但也要注意观察其情绪，倾听他对问题的看法，引导他用语言描述问题。注意不要强迫这类孩子做自己不喜欢做的事。这类孩子也会让父母比较省心。

抑郁质的孩子属于内向型，这类孩子情绪色彩细腻，感受力敏锐，容易自卑，才华横溢，思考能力较其他类型的孩子更强，胆子相对较小，对自己要求较高，不轻易表达自己，喜欢躲在角落，容易被忽视。父母要注意避免忽视这类孩子的存在，要帮助他看到自己的优点，描述清楚，并且举例说明。同时，因为他比较擅长用文字表达，且见解比同龄人深刻，所以要给他机会表现自己的才华，并且给予专业的引导，使其能够发扬自己的优点。这类孩子爱思考，但并不意味着思考到位，因为他极有可能思考偏颇。因此，在他小的时候，要让他多增加见识，来丰富思考、平衡见解；让他多读经典好书，多欣赏优秀文艺作品，引领思考；让他多与有思想的成年人对话，并且在合适的年龄，适当引导他学习哲学知识，避免其思考问题偏颇，从而造成情绪困扰。父母要注意，不要觉得这类孩子好欺负，就随便给他贴标签，也不要随便给他提一些他做不到的要求，否则他会非常为难，继而自我否定。父母要多鼓励他、肯定他表现优秀的方面。父母也要避免当着这类孩子的面争吵，让他对亲密关系产生好的印象。这类孩子只有受到良好教育，才能够满足他对精神生活的需求，才能够驾驭得了自己的梦想。这类孩子比较顺从，不太喜欢双向沟通，行政能力相对较差，一般不适合做领导者。父母要注意培养这类孩子的沟通能力，鼓励他表达自己。当然，他的行政能力相对较差，是因为他更能看到专业技术的价值，而容易忽视行政的意义。当有一天能够独当一面，他的行政能力会急速提升，从而成为一名优秀的领导者，这跟他未来的工作性质有很大关系。

简单来说，多血质、黏液质的孩子，父母会觉得比较好养；胆汁质、抑郁质的孩子，父母会觉得有点难养。但难养不代表孩子不好，而是孩子非常独特，父母没有足够的驾驭能力。这时候父母要自知，并且多询问学校老师的意见，寻求帮助。如果父母拥有良好的驾驭能力，那么就会很容易把这类孩子培养成为社会某领域的杰出人才。

不管孩子个性如何，父母都要了解他与生俱来的基因，并且接受他的天赋，试着跟他站在一起，从他的角度去探索自己、探索这个世界，帮助他成为更加优秀的自己，而不是成为别人。

最后我想说，孩子是飞向你的天使，请温柔地待他，不要辜负他对你的依恋和信任。要永远记得，他是人，有人的尊严和需求。未来如果他有所成就，那么父母功不可没。如果他正在经历坎坷，请多陪伴和鼓励他，多给他注视、拥抱和身体接触，让他知道，他值得被爱，他不孤独。跟他说话，听他说话，让他敢于把内心最深的秘密告诉你，你就称职了。如果他想对你好，请接受。如果他想拥抱你，请你还以拥抱。

世界上唯一一种以分离为目的的关系，就是亲子关系。希望我们分离后，你过得好，而你内心依然爱我。

第四部分

伴侣关系及其相处技巧

一、伴侣关系及其意义

这里所说的伴侣关系，指的是生活中所有那些以爱情为名义的亲密关系。之所以说“以爱情为名义”，是因为很多关系不管最初是因为什么走在一起，既然在一起了，那外人就会用“爱情”去加以称谓，当事人也确实属于比其他人更密切的伴侣关系；也有很多关系确实是以爱情为基础建立的，但时间久了，两个人忘记了维系爱情，以至于爱情松散，他们之间的关系更多地变成了一种家庭行政关系。只有极少数人，是以爱情为基础，且注意经营和维系爱情，互相提升，使爱情没有成为消耗品，而拥有很好的可再生性，这种爱情关系的寿命，可以超越人的肉体寿命。我想，这才是人类所不断追寻，并为之感动的真正优质的伴侣关系。

其实长期以来，我们最不重视的，甚至最排斥的，就是以爱情为内容的伴侣关系，这是很多关系中的根本问题。就算有的伴侣最初确实是基于爱情走到了一起，也会在传统的

“过日子”心态中慢慢冷落了爱情。在传统社会中，男女搭配强调行政关系，强调男女不同的本分和责任，而不强调情感的价值以及彼此的情感维护，最多强调一下，彼此将来是“老来伴”——不得不说，这也是一种行政关系。实际上，这里边也是有情感的，中国人不缺乏情感，更不缺乏深情厚谊，只是没有给深情厚谊一个重要的位置，这是我们最应该改变的。

很典型的例子是，很多古稀老人，一方去世，另一方也主动选择了离开。你说他们没有感情吗？他们的感情太深厚了，彼此交融。但不是所有老人都如此，也有到了八十岁非要和对方离婚的，所以不要认为只要相守到老，就是爱情。这事没那么简单。我们可以用著名心理学家斯腾伯格的爱情三元论来具体说明。这里只是说，对伴侣来说，感情很重要，但更重要的，是彼此脑子里这根感情的弦。

其实，最要命的是，大家并不知道爱情是什么，因为没见过，也没经历过，只是幻想过，在书里看到过。大家如盲人摸象般各执一词，充满了各种各样的经验主义。他们说，婚姻就是过日子，大家都是这么走过来的；婚姻中有很多无奈，走进去的人想出来，在外面的人想进去，所以要学会忍受；爱情都会变成亲情，所以爱不爱都一样；跟谁结婚都一样；等等。这些说法是否符合现实情况呢？我觉得，符合。它们符合大部分人的状态，但是还有一点——它们绝不符合大部分人的期待。

当然，如果两个人能在过日子的生活琐事中互相包容，行政功能契合，也不算是太糟糕。但是，用“过日子”来概括一切，颇有一种自我牺牲式的悲壮。毕竟，伴侣关系属于私密关系，很多私密的事不便与外人道。私密的事不是别的，恰恰是两个人的情感质量和性生活品质。这甚至是伴侣关系的首要内容。如果这个内容被无端忽视了，不谈了，关系看似稳定了，实际上却远离了。

为什么祖辈把婚姻界定为“过日子”呢？因为他们那时候没的选，他们的一生就是过日子。随着时代的发展，年轻人开始把爱情放在重要位置，这是一种进步。当然，在关系中，能衡量爱情品质的，并不仅仅是你的心跳速度，还有双方的对话质量、价值观的相似性。比如，很多人长得很漂亮，也很能留住别人的目光，可是一旦开口说话，就聊不下去；一旦相处，就觉得浅薄、偏颇，无法共处。如果只看外表，人会移情别恋无数次。可是，真的遇到身心皆默契的人，你会觉得，此生爱这一个人，时间尚且不够用，又如何能够分心给其他人呢？

其实，人活一生，图什么呢？不就是图一份情感满足吗？小时候，全部的情感依恋来自父母，后来被同伴好友分流一部分，再后来是懵懂的爱恋。精神分析学认为，父母亲情，是一个人后续情感的基调。在父母那里得到满足的东西，会成为我们选择未来伴侣的潜意识标杆；在父母那里没得到满足的东西，会被我们无限寄托于伴侣，甚至会像救命稻草一般重要。父亲带给女孩认识异性的第一印象，如果父爱缺失（并不是说父亲不存在，而是父爱情感未得到满足），那么女孩对异性的认识是迷茫的，容易缺乏标准。同样，母亲对于男孩的重要性也是如此。父爱或母爱比较充沛的孩子，并不缺乏异性之爱的体验，那么未来选择伴侣的时候，就会持有合理的期待，也会更加遵从内心的标准。

当然，任何事情都不是绝对的，人的选择受很多的因素影响，并不仅仅是父母这一个因素决定的。很多人为了所谓的爱情去自残，或者自杀，其实这并不意味着他多么爱这个人，而是反映了他内心的情感缺口有多大，以及他到底是一个多么丧失自我的人，他多么无法给予他人爱。遇见这样的人，请果断远离。因为跟这样的人在一起，每天都有可能受到他自残、自伤或是自杀的威胁，我估计任何人都不会喜欢这样的生活。这样的人会把你们的生活搅得鸡飞狗跳，而全然不能给你们的关系增加任何的安全感，无法以博大的胸怀去包容你的一切。这样的人不仅不能包容你的缺点，还不能接受你比他优秀。前者使他抑郁，后者使他焦虑。因为他把所有的安全感都寄托在了你一个人身上，却把自己的责任撇得一干二净。他如果无法调整好自己，会让你一直生活在水深火热中。

如果适当地缺乏父母之爱，是不是绝对不好呢？也不是。人正因为内心有缺失，所以才更懂得珍惜，而且不完美才是人生的常态。

真正的爱是什么？是怦然心动，也是温柔的安宁；是想念时的失眠，也是在身边时的安然；是因对方而骄傲，也是必须让自己成为对方的骄傲；是在对方面前，可以呈现最真实的人格，而无须做作；是彼此交心，可以获得最好的对话体验，且更加温柔而有力量；是价值观匹配，无须费尽口舌；是不管际遇如何改变，彼此都始终相信，对方未曾改变；是彼此觉得归属于对方，且充满安全感、幸福感。

因此，好的伴侣关系，使人不孤独，使人幸福，使人更积极；不好的伴侣关系，使人孤独，使人焦虑，使人不幸福，使人自我否定。

二、美满伴侣关系的要素

我们所说的美满关系，并不是没有任何争吵，而是整体上来讲，彼此的情感体验是满足的，关系是和谐的。有的人倾诉自己不幸福，可以列举出对方很多不到位的地方，其实真正让他感觉不幸福的，并不仅仅是他说出来的这些具体事件，而更多的是这些事件之间的一种连贯性带来的不幸福体验。美满的伴侣关系，是一种整体、连贯的被爱的情感体验，双方处于一种和谐的关系状态。

有人说，很多男人下班后，要在楼下的车里坐好久才会上楼。你如果问他：“你爱人不好吗？”他可能觉得也说不上不好，但就是不想跟她聊天。就像电影《爱情呼叫转移》里徐峥扮演对前妻的抱怨一样，生活很完整，但没有话题，没有意思。那么，有意思的伴侣关系，应该包含哪些内容？那个坐在车里待很久的男人，和妻子之间到底缺乏什么？著名心理学家斯腾伯格的爱情三元论给出了答案。

斯腾伯格分析认为，美满的爱情同时包含激情、亲密、承诺三个要素。任意两个要素的组合，或是任何单独一种要素都可以构成一种爱情关系，只是不那么美满。我们逐一来对这三个要素及七种关系进行分析。

激情、亲密、承诺，这三个要素分别是什么意义呢？

第一，激情是爱情发生的首要标志性要素，指的是情感的热度。爱情发生时，最明显的表现就是激情层面，即身、心两方面想强烈地拥有对方的愿望。激情是一种快速而猛烈的情绪状态，意味着彼此存在明显的性吸引力，比如心跳加速、手足无措等。这是爱情区别于友情的标志，是直觉认为对方符合自己期待的一种情绪反应。当然，直觉也是一种潜意识的推理，有一定的道理，但并不意味着一定适合，还需要相处过程中的验证和磨合。

第二，亲密是爱情稳定和长久的保障要素，指的是情感的温度和厚度。亲密意味着当身、心两方面近距离相处时，依然可以保持融洽、愉悦和幸福，而不会“近之则不逊”，近了就发生冲突。何为近呢？初级的近，是身体的接近，比如每天形影不离，这是最简单的。进一步的近，是心灵的接近，比如把内心的东西说给彼此听。当彼此交换内心，沟通越来越深，心灵渐渐撕去伪装，依然可以互相倾听、认同、尊重，彼此在对方面前有足够的安全感，而不需要刻意伪装自己的人格，这便是亲密的最高境界。很多人恋爱失败，往往是在这个过程中发现彼此难以心灵交融所致。

如果说激情更多的是一种外表和气质的吸引，那么，亲密更多的是整个人的匹配。这是受教育程度、家庭背景，个人的所属圈层、社会价值等多方面因素综合作用的结果。如果双方在这些方面差异不大，那么亲密质量往往比较高。相反，如果双方在这些方面差异较大，或者两个人距离越来越大，那么亲密质量一定越来越低。

因此，爱情本身是两个人的持续匹配和实力平衡。有很多女性，结婚之后不再工作，与社会严重脱节，丧失了自己的社会价值，也放弃了自己的成长机会，导致与丈夫的差距越来越大，共同话题越来越少，分歧越来越多，从争吵到僵持到心死，关系名存实亡。这都是错误观念惹的祸。此情此景，让我想起山东某广播电台一位著名的情感节目播音员金山，他经常对打来电话的家庭妇女说："要多读书!"虽然这话让人忍俊不禁，但也道出了一个事实，那就是一定不要放弃自我提升和成长的机会，才能维系好伴侣关系，处理好家庭问题。

第三，承诺是愿意将自己投身于所爱的人，并主动保持和维系这段关系的一种态度和行动。它属于人的认知层面理性思考的结果。这种承诺并不仅仅意味着法律层面的合同关系，更代表着资源的共享，在某种层面上双方属于命运共同体。这个承诺不应当由任何一方独自承担，而是彼此在达成共识的基础上相互合作的结果。社会交换论认为，人的重大选择都是社会价值的交换行为。伴侣关系的承诺也是如此，愿意发出承诺，意味着对对方的信任，认为对方值得信赖。但合同是可以违约的，承诺也是可以收回的，所以要让这份承诺得以持续，需要被承诺的人不断提升自我，让对方觉得，自己一直值得信赖。

承诺往往表现在三大方面：契约合同、心思、物质。当你愿意发出承诺时，意味着这三者都愿意交付。第一，契约在不同文化背景下有不同的方式，当前主流文化之外，比较有名的故事是著名的存在主义哲学大师萨特和他的爱人波伏娃之间的爱情关系，他们的契约是双方拟定和签署的，并且有一定年限，根据关系发展情况来决定后续要不要继续签署这份契约，最终他们把自己的一生交给了彼此。另外，现在越来越多的人开始在爱情契约中加入自己对关系的理解，这也是社会价值观多元化的表现。第二，承诺意味着愿意为对方花费心思，花费心思是最无价的，也是最能感动人的。第三，承诺一般意味着愿意为对方花钱，比如中国人喜欢用彩礼来表达诚意。钱是非常私人化的东西，也是一个人的安全感所在，所以适当花钱是礼仪之道，但强迫对方为自己花很多钱却是非常不妥的。

总之，如果伴侣关系既能够拥有爱情独有的心动特质，可以在深入的心灵碰撞中获得良好的亲密感，又愿意为对方发起承诺并维系这份承诺，那么这份关系是美满的，双方对这份关系都会拥有比较高的满意度。

如果一份关系只拥有其中一个或两个要素，那么双方的满意度就要差一些，我们不妨来分析一下。

第一种关系，只具备激情，缺乏亲密和承诺，称为迷恋。之所以称之为迷恋，是因为它建立在对对方不完全了解的基础上，是对外表和气质的一见钟情，是一种理性缺失状态。这是很多爱情最初的样子，很多关系也仅仅停留在这里而已，至于是否有后续发展的愿望和可能，有待于进一步了解和考察。

第二种关系，只具备亲密，缺乏激情和承诺，称为喜欢。这是一种朋友关系，能够聊得来，但没有心动的感觉，更不想拥有对方，关系比较平淡。

第三种关系，只具备承诺，缺乏激情和亲密，称为空洞的爱。比如，同性恋者的形式婚姻，以及出于其他目的而做出的结合。很多夫妻不注意经营彼此的情感，以致最后发展成为这种空洞的关系。比如，在我的咨询案例中，有的夫妻最初的结合是因为女方看中了男方的长相，男方看中了女方的钱，仅此而已，然而有了孩子之后，他们再也没有同屋睡过觉。其实在这种情况下，就算夫妻之间没有多少激情，如果能够彼此交心，也都是好的，然而没有。这种关系有名无实。

第四种关系，具备激情和亲密，不具备承诺，称为浪漫的爱。有激情和亲密，实属难得的美好，然而没有承诺，双方就会缺乏安全感，也容易引发矛盾。

第五种关系，具备亲密和承诺，不具备激情，称为友伴式的爱。双方能够交心互动，能够维系承诺，虽然缺乏激情，但也算是一种舒心的关系。当然，如果缺乏激情，人并不会真的满足，所以双方还要加强一些生活情调的培养。

第六种关系，具备激情和承诺，不具备亲密，称为愚昧的爱。在激情状态下做出承诺，无疑是最愚昧的行为，因为彼此并不了解。很多闪婚、闪离都是激情的产物。只有建立了心灵上的亲密关系，才是正确的关系。

以上是各种不同组合的关系。另外，还有一种关系，那就是三个要素都不具备，称为无爱的关系。人们经常喜欢说“缘分”，实际上，从以上分析我们能够看到，两个人最好的缘分，是激情、亲密和承诺三者的统一。这个在于选择，也在于经营。回到刚才的话题，那个坐在车里许久不上楼的男人，他的孤独在哪里？是因为妻子不称职吗？很可能不是。原因很大程度上不在于妻子是否把地擦得干净，而在于跟妻子是否有说不完的话题，以及说话的时候是否舒服，是否温柔体贴，是否具有夫妻之前最甜蜜和私密的幸福。

国内有学者也对婚姻质量做了长期研究，并发现了一些比较具体的预测指标。著名婚姻学者徐安琪、叶文振研究认为，婚姻质量是婚姻稳定性最重要、最直接的预测指标，它不仅能预见婚姻的发展前景，而且能解释其他决定因素如何影响婚姻的稳定性。两位学者用统计学方法，将婚姻质量的衡量标准界定为“夫妻关系满意度”“物质生活满意度”“性生活质量”“双方内聚力”“婚姻生活情趣”和“夫妻调适结果”六大要素。显然，这六大要素，为我们发现当前伴侣关系存在的问题以及提出调试方法，给出了很好的参考。

三、当前伴侣关系的现状与存在问题

随着市场经济的发展和受教育程度的提高，人们对婚姻质量的追求越来越高。有学者对第五次和第六次全国人口普查资料进行分析，发现从 2000 年到 2010 年十年间，“未婚人口比重有一定的上升，但幅度不大……离婚人口比重增幅较大”。有学者认为，随着文化变迁，中国人的亲密关系正在“由角色中心型向个体化亲密型转变……婚姻已经不再是双方父母为了建立姻亲关系或提高家庭的经济社会地位而采取的一种家庭策略，而是来自个体的，或者年轻夫妻之间的相互满足感”。

我们经常说，当前社会正处于由传统社会向现代社会变迁的转型期，传统与现代两种价值观各占据一席之地。在不同年代出生的人身上，两种价值观的比例截然不同。“90 后”“00 后”更加强调个体的亲密体验，而“70 后”“80 后”更强调家庭角色的称职。当然，目前真正互敬互爱、彼此满意、来生愿意再续的夫妻，占社会比例远远不够。这里我们不再引用具体数字，毕竟冷暖自知。很多夫妻，要么彼此情感淡漠，要么互动艰难，碍于家庭事务或者社会文化等各方面因素而勉强维持婚姻现状，这对个人来说无疑是悲壮的。“中国以往社会本位、家庭本位的传统文化更强调社会的稳定需要和家庭的整体利益，强调个人的社会职责和家庭义务，忽略甚至漠视婚姻主体的个人感受和幸福。这不仅导致当事人更看重婚姻的形式而不是内涵，甚至在外界的舆论压力下终身生活在不幸婚姻中，也为基层单位或社区粗暴干预个人私生活提供了合法依据。”这是一方面，另一方面，20 世纪 70 年代末以来，中国的离婚率持续上升。“据国家统计局的统计，离婚人数从 1979 年的 31.9 万对递增到 2000 年的 121.3 万对，离婚率也从 1979 年的 0.33‰上升到 2000 年的 0.96‰，约增加了 3 倍。”随着社会的转型，人们越来越希望追求高质量的婚姻关系，而不满足于停留在名不副实的婚姻关系中。不管这个数据如何，在转型期的中国社会，提高亲密关系的质量越来越成为一个必须面对的问题。

整体来说，当前很多伴侣关系主要存在三大问题：亲密度不够、成长速度差异大、沟通方式不可取。

第一，亲密度不够。总体来说，目前伴侣关系的亲密度不够，行政功能远大于情感功能，主要原因是情感经营意识欠缺，情感经营能力不足。

说到亲密度不够，我们可以观察到太多这类的现象。比如，大街上有多少夫妻是拉着手、挎着胳膊走路的？在拉着手、挎着胳膊的人群中，又有多少是自然、不做作的？我小时候，观察到身边大部分夫妻之间充满了各种冷漠，甚至敌意。我始终不明白，夫妻之间选择对方，同住一个屋檐下，不是应当把对方看作最亲密的人吗？为什么夫妻反而混得还不如朋友，甚至更接近于敌人？这难道不是人间最大的悲剧和最大的孤独吗？他们不仅从不拉手，避免身体接触，而且在言语之间，丈夫往往把妻子看作自己的用人、丫鬟和保姆，越是当着外人越是极尽呵斥，以此彰显男人的本事；而女人则低眉顺眼，不仅伺候了家人，还要受着气，因为女人的本分就是相夫教子，吃饭还不能上桌，只能在小桌上和孩子们随意吃一些。我很疑惑一点，丈夫不需要妻子的温柔吗？他们不能对妻子温柔一些吗？

上大学之后，我发现城市的女性更敢于表达情感需求，男性虽然不会那么嚣张，但女性仍然很被动。比如，走在马路上，很多女性会主动把男性的胳膊挽过来，男性会试图挣脱，然而却被女性强制性地挽住。看到这一幕，我不禁感慨：这件事真的这么难吗？长久以来，很多人患了严重的情感表达障碍症却不自知，他们辩解说：“伴侣之间的肢体亲密是私密的，不想暴露在公共场所。”可是如果你问他们：“那在家的时候，你们会有多少次主动对女方发起肢体亲密？”他们便集体失声了。

他们是真的不喜欢亲密吗？我想不是的。因为我看到农村很多男性在闹别人家洞房的时候，其开放程度让人惊叹。他们会搂住别人的新娘亲密地照相，对年轻的伴娘动手动脚，对自己的老婆却不愿多看一眼。女人们，你们不觉得自己可悲吗？你们的性魅力在哪里？当你们的男人做出如此下流的事情，你们不觉得自己的尊严被践踏了吗？在他眼里，你只是用人、丫鬟和保姆而已，连女人都不是。你把地板擦得那么干净，把碗刷得锃亮，把孩子的衣服洗干净叠整齐，却唯独忘记了收拾自己。去照照镜子，和年轻时的自己对比一下，你那可爱的女性魅力还在吗？为什么必须给那个男人做家务？为什么不能用美貌哄着他来做家务？凭什么他忽视你，你的尊严要容许他这般忽视！

不仅是女性，很多男性对自己的魅力也非常不在意，仿佛魅力只是女性的事情，跟男性无关。其实，不管是男性还是女性，人的魅力除了外表，还有谈吐，更重要的是，其社会价值是最核心的魅力所在。单就伴侣关系来说，至少要保证自己的外表尽量接近对方的审美。你的脸、发型、体态，不是给自己看的，而是给对方看的。在保证符合职业要求的范围内，尽量满足对方的审美需要。你要多提升自己，让自己有内容，谈吐举止更优雅。俗话说，“女为悦己者容”，其实男性也一样。

最后，还是要强调一点，伴侣之间最核心的还是性吸引，爱情不能变成亲情，如果你不去满足他的爱情需要，那就只能让给其他人了。要主动去表达爱，多关注对方的情感需求，并且及时满足他。他是你的伴侣，请你看到自己角色的重要性，承担伴侣的职责。希望有一天，身边越来越多的伴侣可以自然、不做作地用肢体语言表达对身边人的亲密，并且双方都露出自信、满足的微笑。

第二，成长速度差异大。在很多伴侣关系中，“我养你”的心态仍比较普遍。就算彼此都有工作，往往有一方也存在“被养”的心态（这里指的是经济方面）。存在“被养”心态的一方，往往能够容忍自己的事业停滞不前，希望依靠对方的社会地位和经济能力来给自己提供可炫耀的谈资，而自己却没有想过要成为对方的骄傲和谈资。这种情况导致的直接后果是，双方的家庭地位、话语权不对等，以及成长速度差异使得共同话题减少、矛盾增加。

在伴侣关系中，“我养你”是一句浪漫的情话，是对方的态度，是心疼你的表现，但你不能真的把经济负担扔给对方，你也要拿出自己的态度。另外，如果你的事业停滞，你就会与社会脱节，就会缺乏自我更新能力，也就缺乏新鲜感。你还是那个旧的你，然而他已经更新为更好的他，你们如何对话？爱情之所以可以忠诚如一，原因就在于，人还是那个人，但他越来越丰富了，让人刮目相看，让人敬佩！自甘停滞的人，没有未来。

我见过好几个这样的案例。男士在婚前对女士说：“我负责赚钱养家，你负责貌美如花。”作为朋友和心理咨询师的我试图建议女士放弃这种选择，然而女士没有听从。最后，两个人真的出现了很大的差距。“负责貌美如花”的女士充满了焦虑，对“负责赚钱养家”的男士各种不理解、各种挑剔；“负责赚钱养家”的男士发现一个人赚钱养家太累，而对方无法分担自己的经济压力。于是，彼此出现了矛盾，都觉得自己不容易，都觉得自己委屈。最后的解决方案是，双方一起赚钱养家，而且都要貌美如花——皆大欢喜。

第三，沟通方式不可取。沟通是为了达成共识，而不是为了制造分歧；是为了增加愉悦，而不是为了闹心添堵。以往常见的错误对话方式，是负面对话。比如，双方在对话的过程中，喜欢否定、反问，而不是表达肯定意义、使用肯定的陈述句式；喜欢为对方贴上不好的标签，来解释负面的对话结果，而不会首先自我检讨，不会站在对方的角度去帮助其摆脱负面的自我认知；喜欢宣扬对方的过错，无视对方的优点，而不是赞扬对方的优点；喜欢忽视对方的诉求，不回应、敷衍、嘲笑对方，而不是主动、用心地给予积极的反馈。

在这些情况下，两个人是无法在对话中巩固感情、连接共识的，而且容易对对方的态度产生不悦，导致对话不欢而散。实际上，伴侣关系的经营之道，归根结底要的是彼此认可的态度。因此，请多进行一些肯定的、正向的对话，而少进行一些负面的、否定的对话。

四、伴侣关系的经营技巧

（一）亲密需要表达，拒绝冷漠

中国人一般的习惯是不表达。可是，你不表达，谁知道你心里有没有呢？很多伴侣之间，一方拼命地问，一方拼命地含蓄应对。如果你的态度不明朗，与你相处的人会很累，很没有成就感。如果你的伴侣也觉得在你这里缺乏存在感，向你索取亲密像是自取其辱，那他会干脆放弃任何尝试。

最典型的例子，一方问："你爱我吗？"另一方答："你觉得呢？""你难道不知道吗？""你怎么会问这样的问题？""我不爱你爱谁呢？""你想多了。"这些回答让问问题的一方直想骂人。问问题的一方只需要一个肯定的回答："当然，亲爱的，我爱你。"然而，你始终不说。

为什么说不出口？表达那么难吗？长期以来，我们误解了"含蓄"的意思。我们以为"含蓄"就是故作神秘的引而不发和避而不谈的慎独，以为我用其他方式来表达我的靠谱就可以了，我心里有就可以了，至于你知不知道，这不重要。这是多么自私的回应啊，充满了自以为是的独断和以自我为中心的猜测。不知道你在回答问题之前，究竟有没有听到对方的诉求呢？双方屡次问你爱不爱对方，那么想听到你的态度，你竟然没有重视，当作耳旁风。

表达，真的不重要吗？一件事情是否重要，不是单方面界定的，而是要依据对方的实际需求来界定。对方的需求程度决定了这件事的重要程度。即便对方没有意识到他的需求，但只要是爱的表达，意料之外的惊喜，有一定比没有强。我们不仅要表达，还要把意思表达得清楚明白，确认对方准确无误地接收到了信息。实际上，我们的老祖宗是非常擅长表达情感的，中国古代诗词几乎全都是在表达各种深厚的感情，而现在的我们跟自己的伴侣表达过多少呢？

“含蓄”的真正意义，是委婉地表达，耐人寻味。著名文学家孙犁在《秀露集·进修二题》中说：“所谓含蓄，就是不要一泻无遗，不要节外生枝，不要累赘琐碎，要有剪裁，要给他人留有思考的余地。”可以看出，含蓄是一种“犹抱琵琶半遮面”的意境，同时强调表达的循序渐进、循循善诱、层层递进，直到对方接收到信息为止。虽说“半遮面”，但眼角眉梢把该传递的意思全传递出去了。含蓄以刚刚能引起对方脑中的疑问、假设和期待为最佳，是一种高级情商，而绝对不是“心里有、不表达”式的信息匮乏，这是木讷、表达障碍，不是含蓄。

请不要吝啬表达你们的亲密。用语言把温柔的情话说到位，用眼神和表情把该给的欣赏给对方，用肢体动作把该传递的爱意传给对方。“如果我们在结婚之后仍然能保持爱情的甜蜜，我们在地上也等于进了天堂……唯一的办法……就是在结为夫妇之后要继续像两个情人那样过日子。”爱情，永远不应当变成亲情。有时候不是对方变了，而是我们自己变了，我们忘记了建立关系的初衷是异性之间的爱慕。去表达吧！他说话的时候微笑地看着他的眼睛，偶尔轻轻地抚摸他的面颊、下巴、眉毛、头发等位置，像抚摸一个可爱的婴儿一样。总之，爱情是什么样子，你们就要按照它的标准去做。

相对被动的那一方，请接受对方的主动，不要拒绝和排斥，更不要质疑对方这样做的意义。如果你试图用任何开玩笑式的拒绝去化解你的尴尬的话，那请你干脆不要说话。你搂的是自己的伴侣，不仅没必要尴尬，而且应该很自然才对。你唯一需要做的，就是接受对方的亲密行为，并回赠给对方同样多的亲密行为。很多时候，我看到身边一些中年伴侣拉手，真的有种“强扭的瓜不甜”的不情不愿的别扭感，好像他们拉的完全不是自己伴侣的手，而是陌生人的手。我发自内心地替他们感到遗憾和惋惜。那种别扭感之所以存在，大多是因为其中一方经常被拒绝。我替被拒绝的那一方总结了四个字：孤独、可怜。

如果有一天，对方已经不再期待你的表达，甚至开始拒绝和反感你的表达，那就说明你表达得太少了、太晚了，你让对方缺失太久、等得太久，对方已接近于心死。想要挽回的话，你要付出比之前更多、更持久的努力，才能够再次感化对方。

前段时间，著名钢琴家郎朗大婚，婚礼嘉宾音乐家周杰伦和妻子昆凌亲密看烟花的背影霸占了屏幕。有一种般配，叫作温柔。这种不经意间流露出来的美好情意，会让世间所有孤独的人瞬间泪崩。

世间最遥远的距离，是我站在你面前，你却如同远在天边。世间最大的孤独，是身边多了一个你，却远比我一个人的时候更孤独。当我在你面前，对你低声轻语，你却仿佛不在同一个宇宙空间，接收不到我的信号。我急得大声叫喊，试图让你听见，然而你只是随便地扭了下头，说："有事吗?"我一个人孤独到崩溃大哭，你却骂道："你真是一个奇怪的神经病!"我不再哭泣，绝望地离去，你却再次轻描淡写地问道："我哪里错了?"

……你是在玩我吗?

一方反复表达一个意思，而另一方却拒绝接收，这种冷漠最伤人。有声语言的顺畅、肢体语言的温柔，就是亲密表达的全部。这件事，并不难。

那些挽自己伴侣的手如同摸到炸弹的人，你们给对方的不仅不是爱和自由，而且是一场软禁的阴谋。明明最美的天堂近在咫尺，你们却次次狠心地把对方推入地狱的深渊而不自知。精神病患者犯罪是不受刑罚的，而你们冷漠的软刀子杀起人来竟然也得到了婚姻这一纸合同的保护，可以胡作非为而不被追责。你们强调自己把心思都放在"责任"上，难道爱你的伴侣不是你的责任吗?你在谈对谁的责任呢?你那些跟事业有关的责任，跟对方有什么关系!感情，在这样的人嘴里，只是一颗棋子而已。他平静的时候，信口说这房子也是你的；吵架的时候，又说这房子跟你有什么关系！感情，在这种冷漠的人眼里，压根不名一文！

这就是为什么有的人拉自己伴侣的手那么别扭，他内心的火热，只献给了伟大的自己，而没有给伴侣一丝一毫。他既然不需要爱，也就注定得不到爱。

我去西班牙度假时，在一次儿童音乐聚会上，看到一对五十岁左右的夫妇，他们的三个孩子在台上玩游戏，夫妇俩伴着音乐深情相拥，眼神款款对视。看到我在拍他们，那位妻子对我甜蜜一笑。这个画面，深深地定格在了我的心里，现在想起来，依然会感动万分！那一刻，我对自己说，我们国家也需要这种温柔的关系。而我，一定要做点什么。

这种普通的亲密动作，不需要回避孩子。要给孩子做好榜样，用你们的亲密行为告诉孩子幸福的模样，孩子才有标准可参照，得以追求自己的幸福。

生活中要有仪式感，不能只是过着最平淡无奇的日子。在一些公认的重要节日，别人有的，伴侣最好也有。生活中其他人忽略的细节，最好也替伴侣想到。在伴侣的记忆中多留下一些生动的色彩，那些你因为爱他而做的小事，可以使他回味很久。仪式感是对伴侣关系的看重和对对方的敬重，跟钱有关系，但又不仅仅是钱的事，最重要的是你的态度。

我有一个学生，在读大学期间认识了自己的女友。女孩家庭条件很好，女孩的妈妈是单亲妈妈，也是白手起家的大老板，她曾经说过，嫁女儿的标准是男方要有车有房。男孩很爱女孩，愿意用一生呵护她，但唯一让他害怕的就是这个有车有房的标准。而当我帮他分析之后，他高兴得差点蹦起来。

我说，女孩的妈妈一人带大孩子，非常不容易，希望自己的女儿在物质上不受委屈，是完全可以理解的。她之所以提“有车有房”的标准，不是真的必须要求男方年纪轻轻就拥有这两样东西，而更多的是希望男方对自己是有要求的，有上进心和责任心，尤其是这位妈妈白手起家做生意，更明白奋斗的价值，也更懂得真情实感的珍贵。因此，男孩只需要真诚地表达自己的情感、态度，以及一定的人生规划，以情动人，就没有问题。这其中涉及一个重要内容，那就是仪式感，即郑重其事地跟女孩的妈妈聊这件事，可以紧张，可以手抖，都没关系，因为这是最真实的情感表露，也是一次综合面试。我知道，凭那个男孩的素养，是完全可以搞定这件事的。

郑重其事的表白、严肃认真的示爱、简单真诚的道歉、赋予意义的纪念，都是仪式感的内容。一件事情的开始或者结束，都以仪式感作为心理层面的划分，它不是可有可无的，而是极其重要的。很多时候，伴侣之间因为一件事情没完没了地吵架，原因可能只有一个，那就是没有某种仪式使其认为这件事确实完结了，用心理学术语来说，这叫“未完成事件”。比如，她一直抱怨你不爱她，抱怨了好多年，是什么原因呢？因为你从未明确地表达和回应，更没有针对她的诉求做出任何行动上的改变，所以她认为你没有接收到她的信号，于是不断重复地释放信号。伴侣之间的重复诉求是一定要引起重视的，你应当在她抱怨某件事的时候，认真地倾听，并且明确回应："看来你真的很在乎这件事，是我疏忽了，请你原谅！我知道你的意思了，也就是我要多表达对你的爱。我想做得更好，你能告诉我具体希望我怎么做吗？"这时候，对方就会停止抱怨，而你也一定要拿出切实的行动，认真对待这件事。

婚礼是一个很大的仪式。电影《非诚勿扰》开篇大胆地举行了一个离婚仪式，非常耐人寻味。仪式不是形式，不是走过场，而是要把感情倾注进去，真正让人意识到这件事开始了，或者结束了。很多老人，当年结婚的时候没有举行仪式，后来又补办一次，这是非常有纪念意义的。年轻人的婚礼，会涉及彩礼的问题，拿出一份有某种意义的礼金，迎接新人的到来，表达的是一种态度。有的人家物质条件不好，这时候彩礼不在于拿出了多少钱，而在于尽自己所能表达一种友好的态度。

很多观念先进的年轻人，不想因为自己结婚而给父母增加负担，主张裸婚，彩礼、钻戒、房子等什么都没有，只凭结婚证步入婚姻。在这种情况下，要保证新娘的内心没有缺失感，至少要有一个小规模的严肃认真的表白仪式，感谢对方在你一无所有的时候嫁给了你，并且表示自己会努力奋斗，好好疼爱对方，在不久的将来，能够给对方补齐现在暂时缺席的一切。这时候如果能让当事人感动流泪，就真的起到仪式的作用了。

我看到很多戴钻戒的女人（因为钻戒至少是件装饰品），却很少看到戴婚戒的男人。一个男人肯一直戴婚戒，说明这个男人拥有很强的仪式感，是一个感情认真且充满情趣的人。如果遇到这样的男人还不珍惜，那真的是暴殄天物。

缺乏仪式感的人，或许人很好，但是相处起来一定让人非常不舒服。因为他缺乏对他人的敬畏心，缺乏边界意识，容易让对方感觉自私、冷漠。

去发掘伴侣的癖好，尊重并且迎合它，这一点非常重要。没有癖好的伴侣关系，是不够浓烈的。当然，有的人本身性格就很平淡，这种性格的人除外。这种人本来就不喜欢浓烈，所以也没有什么癖好，更不会支持对方的癖好。

不喜欢表达亲密、制造浪漫的人，会经常强调“平淡”的重要性，说喜欢平淡的生活。实际上，这是一种混淆和误解。准确地说，人们真正喜欢的是“平静”的生活，而不是“平淡”的生活。人们追求的是平静的心境，而不是平淡无味的关系。

没有人喜欢平淡。

什么是平静？平静是两个人可以平等对话而不是争吵；是两个人在一起的时候，内心觉得很安全、安静、满足，而不是恐慌、担忧、不满；是宁可与他平淡相处，也不会放弃他；是与他平淡相处之外，还有额外的小惊喜、小浪漫可以期待，可以一起创造更好的生活。

可以说，平静是一种心境，是一种淡淡的喜悦，是一种持久的幸福，是激情沉淀后一种美好的常态。而平淡却未必如此美好，它可能是乏味的、孤独的、冷漠的。如果爱情真的平淡了，那也就失去了爱情的价值，只剩下冷冰冰的事务性合作关系。

很多时候，我们混淆了这两者。很多人认为婚姻就是平淡的事务性的“过日子”，而忘却了去保持当初我们期待的那种两个人独处、平静而又激流涌动的美好。那是一种浪漫之爱，可以刺激生命的想象力，拓宽生命的边界。他可以给你如此浪漫，以至于你更加热爱生命，愿意认可他成为你生命中不可或缺的重要人物。

爱情是生命的一部分，如同人需要小酌微醺那般美好。美满的伴侣关系，具备让激情缓慢释放的能力，是自我魅力的保持和提升，是老夫老妻却依然持续关注和爱慕对方，觉得对方那么美好，觉得这段关系让岁月静好。良好的伴侣关系，应该是一种更长久的浪漫；两个人之间的爱情，应当是一种可再生资源——它应当像一座活火山一样不断酝酿和喷发，你会在深入交往中不断地、一次次地爱上同一个人，如同发现了一座始料未及的宝藏，越挖越精彩！又如同你在欣赏一颗切割精美的钻石，你不断地看到它越来越多的面，而且每一个面都光芒四射，让人惊叹不已！有人喜欢将忠诚看作一种品质，而实际上，忠诚应当是一种完美的关系状态带来的水到渠成的结果。在爱情中失败的人会埋怨人心的贪婪，而实际上，人想要的东西很简单，对情感的追求也很单纯，你没有能力满足对方的需求，是因为你还不是一个完美的爱人。有人说“暖男都是成熟男”，请相信一点——成熟的暖男适配于绝大部分人，因为他本身就是一个好的爱人范本。如果你是一个成熟的暖男，是一颗切割精美的钻石，你无须刻意取悦于任何人，只需相信你的本能和直觉，必可以赢得深深的追随。

当然，目前社会上大部分伴侣之间普遍缺乏亲密的情感，本身也有一定的历史文化原因。著名社会学家费孝通先生认为，乡土社会的夫妻关系，夫妻之间不是以爱情为出发点的，爱情甚至是被禁止的，因为爱情是“激动的……是具有破坏和创造作用的”，而乡土社会是讲究稳定的，“要维持固定的社会关系，就得避免感情的激动”。因此，讲究“男女有别……认定男女间不必求同，在生活上加以隔离……只在行为上按着一定的规则经营分工合作的经济和生育的事业，他们不向对方希望心理上的契洽”。长期以来，伴侣之间情感冷漠的现象比较普遍：“一早起来各人忙着各人的事，没有工夫说闲话……夫妇间合作顺利，各人好好地按着应该做的事各做各的。做得好，没事，也没话；合作得不对劲，闹一场，动手动脚，也说不上亲热。”

时代发展了，爱情成为滋养生命的刚需，是生活品质的重要组成部分。希望越来越多的人，能够将自己的亲密关系调整到最佳状态。

（二）培养描述问题、倾听问题的对话习惯

因为伴侣之间关系是非常近的，所以很容易不够礼貌。最合理的对话方式，是习惯于用“描述问题”的方式来讲话，而不要随意在语气中掺杂独断和质疑。独断是自以为是，质疑是否定对方，这两者加起来，足以使任何感情消耗殆尽。

为什么要用描述问题的方式来对话？因为伴侣之间大部分的争吵，最根本的原因，是信息不对称，包括对基本事实不了解，对彼此的情感、需求不确定以及解决问题的思路不一致等。

如果避开对基本事实的描述，直接提出自己的价值判断，那就是鲁莽的、粗鲁的、伤害性的、容易出错的；如果不去描述自己的情感和需求，不去询问对方的情感和需求，那么后续所有的沟通都是无效的、没有根基的；如果不告诉对方你的理由和思路，那么对方就容易误解你做事的动机。

完整地描述问题的对话句式，应当包括四大要素：描述目前面临的情况（situation），描述你的解决方案（solution），描述你的理由（reason），描述你的态度立场（attitude）。取其首字母，我称之为 SSRA 对话模式。

比如，孩子突然发烧非常严重，赶紧带孩子去医院检查，医生说要住院。在这个场景下，会发生以下正确的描述型对话：

“（S1 描述面临的问题）没想到这次这么严重，前段时间的症状真的忽视了。（S2 描述解决方案）看来只能住院了，（R 描述你的理由）也是好事，毕竟能对症下药，（A 描述你的态度立场）只要能赶紧好起来就行，要不然太担心了。”

“（S1 描述面临的问题）亲爱的，孩子太重了，我抱得胳膊有点累，（S2 描述解决方案）麻烦你先抱他一会儿，（A 描述你的态度立场）我过会儿再替你，辛苦了，亲爱的！”这里的第三步“描述你的理由”已经暗含在第一句话“描述面临的问题”里边了，因此不用赘述。

那什么是不良的沟通方式呢？就是 SSRA 四个要素经常不完整，容易引发误解、传递焦虑。比如 S1 模式，只描述问题，未免太悲观；S2 模式，只描述解决方案，显得很专横（紧急情况除外，没有时间解释）；S1、S2 模式，稍微好一些，但对缓和伴侣的情绪帮助不大，而经常完整表达 R 和 A 这两部分的伴侣，一定是恩爱有加、热烈深厚、超强黏性、羡煞旁人的关系。

另外，描述问题的对话方式只有双方都做到，才能真正建立起伴侣之间良性的互动习惯，而不是只有一个人试图良性互动，另一个却不客气、不坦诚。一个人的独角戏，无法经营两个人的亲密关系。我们经常看到很多伴侣在讨论问题的时候，都像拔河一般，拼命地为自己辩护，都觉得自己非常不容易、没有被理解，而没有一个首先做出态度的妥协和退让。实际上，拔河的时候，只要一方先松手，另一方也就没什么可拔的了。各执一词的时候，请一方先把语气软下来，也请另一方接招，都为对方辩护，都说对方不容易，这样对方也会为你辩护，说你不容易。这才是良好的关系。

一方描述问题的时候，另一方一定要养成倾听问题的习惯。听到对方说什么，然后接着对方的话茬说话。既要把对话节奏放慢，给对方充足的时间表达，又要充分把耳朵叫醒去倾听。有的人非常喜欢倾诉，但倾听能力却不够，这是非常大的一个毛病，因为你会使对方感到孤独。

倾听是经营关系的基本功，你做到了吗？可以问一下你的伴侣，听听他的反馈。

（三）建立成年人的沟通习惯，打造心智成熟的自己，避免情绪化

什么是成年人的沟通习惯？自爱，且爱他人；自尊，且尊重他人；不卑不亢，与他人平等对话；不以弱者和受害者自居，而是成为自己尊严的书写者。

与之相反，则是不成熟的儿童式沟通习惯。比如，不爱自己，不经营自己的魅力，自甘堕落；不爱他人，不尊重他人，任性、放肆，以自我为中心；本事不大，情绪不少，要么没来由地霸道，要么以弱者和受害者自居，表演成分太重，不坦诚、没担当；耍脾气，撒泼无赖，拒绝承认自己的错误，不正面迎接问题，不尝试解决问题，而是为了维护自己的私人小利和卑微的自尊，无所不用其极；在关系中自私自利，

只要求对方为自己付出，却不为对方付出，很少为对方着想，索取心态特别严重；嫉妒心强，担心自己被超过的时候，宁愿诋毁对方、否认别人的优秀，也不改变自己。

婴幼儿具有以上倾向，是遇到问题时一种自我保护的逃避本能，因为他们还不具备处理问题的态度和能力，所以是可以理解的。然而，如果成年人还做出上述行为，那就是不成熟的，难以被接纳的。

对于心智成熟的人来说，爱情完全是一种放松的享受，而不会成为压力，因为他不会为了从对方那里获得宠爱而假意讨好对方，也不会将自己的空虚和不快乐归咎于对方。哪怕真的是对方的行为引起了自己的不快，他也能够首先接纳对方总会犯错这样的事实，然后平等、礼貌地进行沟通，从而使相处更加融洽。这就是老祖宗说的“相敬如宾”。

心智成熟，在爱情中的作用尤为显著。一个人跟外界他人保持距离是简单的，但是在亲密关系中依然能尊重对方的自我界限、不伤害对方的人格尊严，则是真正可贵的成熟的标志。这样的人，你越与他相处，越赞叹他的高贵。心智成熟的人，有能力尽情享受爱情，不会因为太爱对方而平添焦虑。心智成熟的人，能够在发生分歧或者不愉快的时候，首先自我管理，而不是指责对方，不会用自己的坏情绪影响对方。人格独立的人，才能够经营得好、把握得住甜蜜的伴侣关系。

如果说爱情是一杯美酒，那么人格健全、独立的人喝了这杯美酒，能产生更大的责任心和斗志，从而增光添彩；而心智不成熟的人，则会因这杯酒而更加丧失理智。一个人如果无法管理好自己的情绪，那么他更经营不好爱情，因为爱情本身就是一种猛烈的情绪和情感能量源。面对爱情的到来，心智不成熟的人只会发疯似的表达单方面自私的占有欲，同时让自己卑微至极，在至低和至高的情绪点上来回切换，如同一个狂躁抑郁交替的病人，让人感觉不美好，无法平等，这也是爱情中分手的常见原因。而且，这样的人会把糟糕的情感体验和失败的结果归咎于爱情，而不是归因于自己处理情感、把握距离的能力。我们稍微留意一下那些怨天尤人的四流情歌就知道了。

古人说，有一种人最难相处，“近之则不逊，远之则怨”。你离他远了，他抱怨你；你离他近了，他就毫不客气，自私任性。长期以来，我们并没有养成尊重的习惯，我们对朋友很好，对家人却无比苛刻；长大后在伴侣关系中，自然无法拿捏好亲密和尊重之间的尺度。生活中我们经常说，担心把对方“惯坏了”，意思是担心越宠爱对方，对方越肆无忌惮地任性。其实发生这种情况的主要原因在被宠爱的一方。伴侣越宠爱你，你应当越提醒自己在宠爱里要保持尊重，避免放肆。如果做不到这一点，那么伴侣就会停止对你的宠爱。真正心智成熟的人，只会越惯越好，而不会越惯越坏。

伴侣分手常见的主要原因，要么是亲密得不到满足；要么是出现分歧的时候不懂得妥协和让步，管不住自己的情绪。

请记住，亲密的时候可以肆无忌惮，出现分歧的时候要相敬如宾。多少伴侣关系因为亲密时的相敬如宾和出现分歧时的肆无忌惮而破裂！如果你一再朝他敞开的心扉射出利箭，那么对方的心扉肯定会慢慢关闭，不再敞开。任性是浇灭爱情火焰的罪魁祸首。想爱对方，请敬重对方！想得到爱和尊重，请提升自己！

在情绪管理方面，伴侣之间既要注意避免迁怒、抱怨、怀疑和不自信，也要避免将爱情的地位夸大化。

第一，避免迁怒。何为迁怒？迁怒是指在自己不开心的时候，把怒气撒在不相干的人身上，或者桌子、椅子等家具上。这样的人，让人感觉很不理智，很可怕。他因为其他事情感到不开心，却莫名其妙地把伴侣骂一顿，不告诉伴侣自己不开心，更不说清楚自己不开心的原因，而是直接将情绪释放给伴侣，甚至释放给孩子，或者摔门、砸家具。这样的人，实际上搞不清楚自己和他人之间的边界，不明白其他人没有义务承担他的坏情绪，也很难做到健康的自我疏导、求助他人而不冒犯他人。这样的人需要改变自己描述问题的语言习惯，并且加强正向沟通的主动性和积极性，提高对伴侣的敬畏意识，意识到对方没有义务充当自己的撒气筒，否则就是在恶性透支和消耗伴侣之间的爱。

因此，如果因为其他事情而心情不好，你要习惯于向伴侣描述你的状态，可以这样说："亲爱的，我心情不大好，你能陪我一下吗？"这时候对方会非常感动，并且很称职地做好陪伴工作。而如果一见到对方你就气急败坏地吼一通，对方会觉得你莫名其妙，直接引发伴侣之间的争吵。

第二，避免抱怨。人非圣贤，总有做事不周到的时候，如果我们因为对方而不开心，不要马上抱怨对方，而是应当克制自己。因为你明明可以做一些事情，来为自己的情绪负责，为什么一定要把所有的责任都归咎于对方？抱怨是对对方的否定，习惯性的抱怨会让对方形成应激反应，不敢跟你聊天。抱怨也是对情感的巨大消耗，遇到问题与其抱怨，不如多提建设性的意见。另外，遇到问题先思考自己哪里没做好，在自己做好之前，不要指责对方。

第三，避免怀疑和不自信。在爱情里，容易映射出内心的自卑。自卑是一种内心的不平静和低落，一种极低的自我价值感。自卑的人容易犯疑心病，在臆想基础上产生莫名其妙的嫉妒，从而破坏关系，伤害彼此。一旦不自信，你就无法平静对话，无法平等对视，不相信对方会爱自己，无法真正开心地去享受爱，不敢争取，没有勇气拥有，甚至甘愿把对方拱手相让，或者因为自己的怀疑和嫉妒而把伴侣推给别人。

著名男演员 Daniel Wu 曾经在一次访谈中，表示其实自己内心非常专一，前女友很爱他，但因为她觉得他太有魅力，不相信他会对自己专一，内心被巨大的焦虑和疑心病折磨，于是干脆放弃，主动提出分手，导致他反而被抛弃，无辜受到伤害。而最终与他步入婚姻殿堂的妻子，赢就赢在了自信和不怀疑。

台湾著名L姓女星突然结婚了，嫁给了别人，和Y姓男星相恋十七年未修成正果，让人感慨很多人在爱情中真的不够自信、不够有勇气！越是面对优秀的女人，男人越是自感卑微，越是选择远离。其实再优秀的女人，内心也有脆弱的时候，也需要伴侣霸道的爱护和明朗的态度。Y说自己没有长大，不敢让对方等，这下好了，她都嫁给他人了，他该长大了。相信彼此，才能赢得美满的爱，赢得平静美好的伴侣关系。

第四，避免将爱情的地位夸大化。这一点是针对那些将爱情等同于生命的全部、失去爱情就感觉生不如死的人来说的。生活中确实有这样的人，很缺爱，所以一旦爱情关系有瑕疵、破碎，就会悲痛欲绝，仿佛最后一根救命稻草都没有了。实际上，这样的人只是把自己内心的缺失寄托在了这段关系中，并不是真的对这个人依恋到无以复加，这个人也不是他的全部，因为他的全部是自己。人应该为自己的安全感负主要责任，而不是寄希望于另一个人，哪怕这个人是自己的爱人。我们应当经营好自己，去润滑这段关系，而不应当停留在过去的经历中难以自拔。真正能给人安全感的，是自己的底气；真正能够伤害自己的，也只有自己的认知，而不是自己的人生际遇。

（四）安抚和引领伴侣的情绪

如果伴侣出现了难以自控的不良情绪，我们该怎么做呢？这时要把握两大原则：安抚、引领。

具体步骤是：第一步，给对方足够的时间和空间，使其能充分表达自己的情绪；第二步，要专注倾听，而不要急于发表意见；第三步，在前两步都已经做好的基础上，可以表达爱意、理解，以及对此事的看法，一定要用积极的语气配合温柔的肢体语言。需要注意的是，避免站在对方的对立面去点评对方，避免说教、讲大道理，避免缺乏温柔的肢体安抚，避免不倾听、不认可对方的情绪。这时可以借鉴前文我们提到的描述问题的表达方式。

其实，心理学给人的基本功，就是倾听和共情能力。什么意思呢？就是充分尊重对方的存在，尊重对方的需求和情感，尊重对方的表达，而不是以自己的经验来粗暴地否认对方的体验。这一点做不好，后续所有的问题都解决不了。这一点做好了，问题就解决了一大半。

这里举例子具体说明。首先，我们举个反例，来示范一下人们常犯的错误。比如，否定对方的情绪、需求或者能力，用反问来质疑和指责对方，给对方贴负面标签，直接打击对方，幸灾乐祸地嘲笑对方，冷漠、忽视、毫不关心，站在对方的对立面进行说教，等等。我们体会一下效果。

女："今天上班很不开心，领导故意让我出丑，同事一个帮我解围的都没有。”

男：（否定意义）“怎么其他人没遇到这样的事呢？”

（反问句式）“你难道不知道反思一下自己吗？”

（贴负面标签）“你就是缺心眼，没脑子，情商低！孩子千万别随你！”

（幸灾乐祸、嘲笑）“这下好了，你可算出名了。”

（打击对方）“我怎么娶了你，干什么都不行！”

（冷漠无比）“哦……”

（说教、站着说话不腰疼）“看开点，多想点好的方面。”

如果对话是这样的，还能继续下去吗？下次遇到类似问题，伴侣还会向你倾诉吗？不会了！不可能了！下次找谁也不会找你了！作为伴侣，一定要搞清楚自己的角色，知道自己的责任，要跟对方站在一起，而不是站在对方的对立面。

最后一种是很多人会犯的错误，我称之为“站着说话不腰疼”。不仅是伴侣关系，生活中很多人喜欢在别人倾诉完之后，用这套冰冷的说教来“安慰”对方，或许是出于好心，但绝对没有走心，听了这句话的人会觉得自己特别尴尬，好像自己连这么简单的道理都不懂一样，真的后悔自己的倾诉。

接下来是正确示范，请伴侣们深刻反思，并发挥自己的主观能动性，找到更多积极的答案。

女：“今天上班很不开心，领导故意让我出丑，同事一个帮我解围的都没有。”

男：（情感补偿）“哪个领导这么不开眼，敢欺负我媳妇？你告诉我他在哪个办公室，我去会会他！”

（共情）“俺媳妇今天受委屈了。来，抱抱！”

“他们是不是眼睛有问题?！不理他们，乖。”

（肯定意义）“媳妇，想知道我眼里的你是多么优秀吗？很多时候我非常敬佩你，比如……我真的发自内心地以你为傲！但我同样知道，你是我的女人，需要我的疼爱和保护，这也是我努力让自己变得更优秀的原因。”

（引导倾诉）“你愿意跟我说说具体发生了什么事吗?”

（合理解释）“哦，是这样啊！我明白了。看来你领导今天心情不大好，拿你撒气呢！”

（帮助转移注意力）“没事，不理这些了。看看我今天晚上给你做什么好吃的！咱们可以喝点红酒，吃完饭下楼散散步。今晚月亮不错。”

如果对话是这样的，还担心两个人关系不好吗？当一方不开心的时候，另一方要倾听、理解，帮助其增加脑海中积极的意象，来中和消极的意象。倾听者要表达坚定的保护立场，给对方足够的底气，帮助对方转移注意力，陪伴对方度过这段情绪即可。所有这一切，共同的目的都是让对方的倾诉比较痛快，让对方觉得找你倾诉就对了，得到了来自你的充分关注和理解，让对方觉得温暖、不孤独。对方调整好了情绪，自然会有能力解决问题。

注意，对话的火候要到位：情绪太欠了给人感觉敷衍，情绪太过了让人感觉不成熟。对话要掌握一个原则：真诚！

而且对话的时候，要自然地配合肢体语言。另外，不是真的要男性去为女性打架，而是帮她夯实底气，给她足够的安全感。

再举一个简单的例子来巩固一下。比如，伴侣一方生病了，另一方很心疼。不好的表达方式可能是这样的——

（否定句式）“你怎么回事啊？怎么又生病了？”

（冷漠无比）“你能不能不要总让我担心？”

而好的表达方式应该是这样的——

（共情）“亲爱的，看来你得难受几天了。”

（情感补偿） “真的想替你生病，看到你难受我太心疼了。”

（鼓励）“没事的，该吃药吃药，几天就好了。”

以上举例，希望能够起到抛砖引玉的作用，能够激发读者的灵感，产生更多、更有创意的好答案。

还有一个重要的例子，可以证明伴侣的有效安抚能起到多么强大的作用。这个例子就是产后抑郁的疏导。

经常有男性来找我咨询，说他老婆产后抑郁了，请我去跟他老婆聊一聊。我说：“我聊不行，你聊是最有用的。”对方一脸茫然。我解释说，女性这时候最需要的不是专业人士，而是自己的伴侣。一方面，产后带孩子属于新手上路，不熟练导致心烦；另一方面，产后长时间无法保证足够的睡眠，这是最大的折磨。这时候，女性需要知道自己生孩子的意义是什么，她需要知道这不是自己一个人的事，而是伴侣和自己一起承担。这样她就不会觉得孤独，心情很容易就会好起来。要知道，爱可以治疗一切抑郁。因此，男士这时候一定要经常主动询问伴侣的感受，引导她把内心的需求讲出来，并且尽量满足她，多用温柔的肢体语言去充分表达自己的关心和疼爱，多照顾孩子，多鼓励她，和她一起度过这段时间，她的抑郁自然就好了。伴侣是彼此最亲近的人，一定要充分认识到自己的重要性，并且在关键时刻给对方最大的情感支撑。

那么，婆媳关系出现问题时，作为中间方的男士该怎么做呢？切忌两边传话，而是要两头哄，向双方隐瞒负面信息，在一方面前多说另一方的好话。对老妈要讲技巧，对老婆要讲情分。其实在家庭中，最重要的不是谁对谁错的问题，而是如何处理情绪的问题。

当然，还有最后一条：如果好好说话不管用，那就必须严厉起来。为什么好好说话不管用？因为对方在试探你的底线，如果你一直像软柿子一样，给人感觉毫无底线，那么你的尊严将丧失殆尽，对方也会觉得你没出息而不尊重你。这时候必须严厉地告诉对方，你的底线在哪里。不过只有对方触碰你的底线时，才可以严厉，否则你会丧失权威，让人感觉像个情绪化的疯子；而且严厉的时候，请依然保持描述问题的习惯，而不能侮辱对方的人格。

（五）使自己的魅力成为可再生资源

有人焦虑爱情中的“新鲜感”问题，担心激情的丧失就等于关系的终止。我想反问一句，如果爱情如此肤浅，那它的意义是不是太过廉价？爱情的萌生，需要冲动和激情，而爱情的维持，却绝不能只依靠激情，而是要依靠一种良性的互动。因为激情如同石子投入水中的涟漪，是一层一层的，层与层之间是有间隔的，我们几时见过汹涌的大海是没有间歇的？如果没有间歇，浪就不是浪，而是洪水。如果没有间歇，人也就没有了期待，没有了等待下一次惊涛拍岸时的美好期盼。爱情中的激情也是一样，我们不能凭借一次又一次的激情体验来判断爱情，不能把激情等同于爱情，因为激情有时候只是激情，而远远不是爱情；而且也不能在激情暂退的时候，就判断爱情没有了。判断爱情的品质，应当去观察两个人的互动质量，观察两个人在平静期是否依然对未来有期待、有规划。真正终止的关系，如同死火山，或许保留着原貌，但是已经不会再有下一次喷发了，活性是极低的，这是不好的关系。

有的人担心两个人相处时间久了，会失去新鲜感，并且把很多伴侣之间的感情淡漠归因于新鲜感的丧失、激情的丧失，甚至归因于人性，我认为这是极其不准确的。人还是那个人，但人的内涵是可以发展变化的，人格是不断成熟的。因此，人完全可以不断焕发出新鲜的活力，给关系注入新鲜血液，使对方一次次不断地爱上自己，给关系增加更多的魅力和可能性，使关系不断累积厚度。

当然，如果关系的一方或者双方停滞不前，拒绝成长，拒绝丰富和完善自己，那么双方的关系也会停滞不前，甚至经不起生活中的挫折和考验，非常脆弱。很多时候，看似是其他因素破坏了伴侣之间的关系，而实际上是因为他们的关系本身不够牢固，就像一个人自身抵抗力非常差的时候，就容易引发各种疾病。而如果一个人抵抗力强，就算再厉害的病毒都难以侵入他的体内。

如何使自己的魅力变成可再生资源？我们先要讨论一下，人身上哪些魅力是容易产生审美疲劳的，哪些是拥有提升空间，可以令人回味无穷的。

很显然，人的容貌魅力是不会增长的，反而会随着年龄的增加而减少；性关系的美好也不会呈上升趋势，甚至会逐渐下降。当然，这两点绝对不是不重要，而是非常重要，所以绝对不可以忽视。两个人的共同话题是可以越来越多的，个人成就和社会价值是可以不断攀升的，两个人之间的关系是可以因为家庭关系、财富积累等共同的合作关系而凝聚，而更加难舍难分的。这就是伴侣关系内容的复杂性。

回到刚才的话题，如何让自己的魅力成为可再生资源？就是要把握好容貌、性关系、个人成就和社会价值、共同话题、家庭关系与财富积累等多种因素之间的平衡。

首先，要注意观察对方的审美需求，并且适当迎合和满足对方的审美需求，保持你在对方眼里的性魅力。要重视容貌、身材和气质，这是一个重要的底线。说白了，如果你在对方眼里不够漂亮，你总是无视他对你的外在形象气质的要求，那么你就危险了。伴侣关系，首先是一种性吸引，就算关系稳定下来了，也千万不要忽视自身的性魅力。有一次，我去4S店做检测，看到坐在我旁边的一位女车主造型非常失败：皮肤极差，不化妆，头发胡乱绾着，穿着看起来廉价的衣服，平底鞋配肉色短丝袜，毫无气质，站在一旁准备咖啡的服务员看起来都比她高贵。我很替她担心她的伴侣关系质量，因为没有一个男人会希望自己的女人放弃外表。另外，放弃外表的人，生意也不会好到哪里去。女性一定要美！要精致！要有气质！男性也是一样，要保持较好的身材，着装要干净、优雅、时尚，发型要听从女方的建议，酌情使用男士香水，等等。这些都是让自己的魅力变成可再生资源的第一步，请记住“为悦己者容”。

其次，要始终保持恋爱的心态，满足彼此的情感需要。最可怕的是一方或双方没有了恋爱意识，把与对方的关系完全看作家庭事务关系，忘记了对方是异性。正确的做法是：要崇拜对方，要有适当的羞涩，说话要温柔，要有一定的甜蜜感；要尊重对方的家人，处理好家庭关系；要让对方觉得你温柔体贴、通情达理、有担当、能奉献，是其生命中不可或缺的一部分，从而对你持有感激之情。

再次，自我价值提升，满足关系的成长需要。伴侣双方都要不断提升自我价值，对事业有追求，有独立的经济能力，能用自己的钱给对方买礼物。最重要的是，人会在追求自己事业的过程中获得提升，变得更加成熟、更加丰富、更有魅力，会让对方对你充满敬意，而且对你充满好奇，愿意探索你的世界。事业是一个人的底气和尊严，是一个人的社会标签。有一些女性，没有自己的工作，更没有自己的追求，在男性不断进步、愈加优秀的过程中，女性不仅没有提升，反而与社会越来越脱节，与伴侣的共同话题越来越少，思维越来越不能同步，这对伴侣关系是莫大的威胁。有的女性甚至以被老公养着为傲，实际上，如果真的爱一个男人，你就不会把经济压力全交给他一个人，你会想尽一切办法帮他分担。在感情中，一定要有危机意识，也要让对方产生危机意识。感情这个东西是比较独特的——在一起的时候，价值连城；分手之时，一文不值。想拥有美好的伴侣关系，以彰显生命的品质，双方都必须有自己的事业，以及对对方来说不可替代的独特价值。如果你将自己打理得越来越精彩，根本就不会担心失去对方。

爱情是奢侈品，是饱暖之外的休闲品质，它不等同于生活本身，又与生活息息相关。人是活的，关系也是活的。经营好亲密关系的人，才是真正的人生赢家。在此之前，先要经营好自己，才能照亮对方，持续拥有对方，从而真正成为人人羡慕的眷侣。生命有限，我们不知道生命何时结束，也不知道还可以拥有对方多久。不要因为现在没有失去而忽视对方，试想一下，如果有一天你真的永远失去了他，你能够接受吗？如果不能，不要等到失去的那天，才说“我爱你”，不要等到被迫失去的时候，才后悔不已。不要只是忙于今天的琐碎事务，要时不时地回忆过去的美好，时不时地畅想更美好的未来。要崇拜对方，做他的头号粉丝，在他脆弱的时候，成为他最温暖的港湾。要给对方最好的陪伴质量，在能够拥有的时候，请认真地珍惜对方吧！

第五部分

自我意识、契约精神与亲密关系

契约精神，是现代社会人际关系的核心要素。契约神圣，强调众生平等，强调对他人的敬畏。现代社会的三大要素，就是契约精神、平等观念和所有权观念。可以说，这三者是亲密关系相处之道的底层逻辑，而契约精神则是另外两者的根基。

在传统社会中，人们普遍遵从的是“礼”，而不是现代意义上的契约。“礼”是听从家族中位尊的长者，而现代契约则是遵从双方的平等共识，毋论长幼亲疏。这两种关系模式分别诞生于不同的社会历史背景下，随着社会条件的变化，人的生存环境发生变化，关系模式也不得不随之变化。我们所处的社会转型期，就是人与人之间从遵从“礼”到遵从现代契约的转型过程。这是一个长期的过程，当前亲密关系的各种冲突，无不反映了这两种社会理念的冲突。

人们的契约意识的形成过程，同样是个体的自我意识成长的过程。当人们在粗朴自然的“本我”和充满契约意识的“社会我”之间达成力量平衡，而不会过分偏向于哪一个时，那么人自身的心理环境便达到了最佳状态，人与人之间的和谐共处关系也可以得以实现。到那时，不需要关系中某一方的刻意牵制，双方自身就具备良好的安全感，以及在此基础上的关系自觉。

一、契约意识：亲密关系的相处之道

所谓契约，指的是双方（或者多方）主体在意志自由和自知状态下所达成的共识。因此，前四部分我们谈的都是这种共识的具体化，说到底，这个问题涉及我们如何能感受到来自彼此的尊重。

首先，建立良好的沟通习惯，是我们需要达成的最基本共识，也是所有人完全有能力做到却又被很多人忽视的最基本共识。我们在前几部分一再强调表达的重要性，即要习惯于将自己的意思表达准确，以保证对方准确接收。形成良好的对话习惯，可以大大避免毫无根据的主观臆断和不必要的价值误判。

要以事实为依据去谈论事情，而不要以自以为是的期待为依据去谈论事情。比如，很典型的一个例子是，很多夫妻说话连吼带叫，对孩子也是如此，这说明了什么呢？这说明他们没有形成描述问题的习惯，没有形成以事实为依据提出问题、分析问题的习惯。当孩子写不好作业，他们首先想到的不是孩子为什么学不会，以及如何帮孩子学会，而是上来就粗暴地对孩子做出价值判断——“你这个笨蛋”！说这句话的时候，潜台词仿佛是他自己聪明得很，可是比一个小孩子聪明有什么值得炫耀的，何况这个小孩子还是他们的亲生骨肉。

这不是自以为是是什么？你可知道你毁掉所有关系的原因，都是源于这种自以为是？你太看不起别人了。任何一个人都可以被你贬损一时，却不可能永远被你贬损，当有一天他回过味来，想追你的责，你又该如何回复呢？说你是太爱他了，爱之深、责之切吗？说都是为了他好吗？

形成良好沟通习惯的人，会让人感觉很温暖、好相处，但不是好欺负。不管对面这个人是谁，你都要经常提醒自己，敬畏对方，敬畏这个世界上你未知的东西，不要乱说话、乱判断。要形成描述问题、提出问题、和平讨论的习惯，且慢把你的个人假设当作结论去鲁莽地评价别人。不是所有的人直觉都比较准确，也不是每个人在任何事情上的直觉都是准确的。

因此，不要轻易去预设什么，因为你极有可能会做 些不合理的预设。比如，“他这个人本身就不可理喻”“我的直觉是很准的”“他必须来哄我”“三十岁之前必须嫁出去”“不生二胎，老大会很孤独”“别人都很顺利，而我却如此不幸”，等等。当你预设了这么多莫名其妙、道听途说、毫无根据的“应该”和“必须”，而忘记了对这些预设本身做出更多反思，一旦你的生活不符合这些预设，或者当你跟着这些预设前提去生活而最终严重影响了自己的情绪体验时，那么我们的价值观便产生混乱，进而陷入自我怀疑。如果你的预设前提本身并无可靠的根据，那么你的后续推理也极有可能出错。这种错误的判断一旦涉及人生重大选择，那么你的人生将因此不得不付出巨大的代价。如果你的潜意识预设了他人的不可理喻，那么你就会不自觉地主动挑起事端，去验证别人的不可理喻。而实际上，你所预设的所有不合理前提，都渗透在你的眼神、动作和行为中，会无形中把他人推得远远的。其实，这只是我们内心自导自演的一场自证预言，仅此而已。

另外，生活中的大部分过分焦虑，都是因为你预设了一个做不到的前提。道家说的“无为而治”，意思是要顺势而为，不要不为，也不要过分干预结果，要“尽人事，听天命”，在自己的能力范围内尽可能去尝试，而能力范围以外的部分，则少预设、多接纳。

如果双方都形成这样良好的沟通习惯，那么你会发现，大家很容易坐下来好好说话、和谐共处；你会发现，你更愿意去探究问题本身，不带个人色彩地去讨论问题，而且不向讨论的过程和结果投射任何情绪色彩。如此一来，你们之间就不会产生更多不必要的分歧，那么，基本的共识就找到了。退一步讲，就算你们喜好各不相同，也可以求同存异，和谐共处。

一个典型的例子是，著名歌手刘若英在书里描写了她和丈夫之间的生活方式——“我敢在你的怀里孤独”。“一起出门，去不同的电影院，看不同的电影。一起回家，一个往左，一个往右，卧室、书房独立，只共用厨房和客厅。”这种生活方式，很多人听了会觉得很奇怪。我也觉得，如果男方换成她原来的那个男神，恐怕她不会如此淡定。我们借用这个故事，不想讨论别的，只是想说，在关系中做到几分理性是多么重要。不仅能够欣赏对方的优秀，而且能够接纳对方内心的落寞和孤独，接受对方的脆弱不堪，甚至接纳“他对你没那么满意”这个事实，在此基础上，依然能够互相容纳、互相欣赏、互相敬畏、互相扶持，承认彼此是自己人生中的重要组成部分，而不是全部，从而能够在一定程度上善待彼此而不苛求，这才是真正的亲密关系。

这种东西，也就是我们常说的“科学精神”，是一种高级理性。

总之，良好的沟通习惯是最基本的共识，这一点其实多进行自我觉察，多做自我微调，是可以很好地做到的。没有人喜欢孤独，如果你们的关系能够使彼此感到放松，能够满足最基本的认同感和成就感，那么关系黏性是很简单的事情。

第二，生活中具体认知共识的达成，其基础是共情，同时归根结底又服务于情感体验。亲密关系之间的问题探讨，其目的并不是非要探究出个真理来，不是为了逼着某一方遵从另一方的价值判断，而是为了更好地维系感情，做到更好地互相理解。同时，双方共识的达成过程，不是道理灌输的过程，而是在充分体验共情的基础上解答对方疑问的过程。

任何一个人的认知和态度的改变，都不是别人对其灌输某种道理的结果，而是其自身在被充分共情之后发生的自我觉察的结果。很多时候，当你想改变别人时，道理说得很清楚了，然而对方却站在原地、纹丝不动，这往往是因为你一开始就站在了他的对立面。你越想改变他，他越固守自己的原有价值，因为你既然不能共情，那他总要捍卫自己的领地吧？反之，当你不是想去改变他，而是愿意去理解和了解他，他感受到的是重视，反而更愿意主动做出反思。那么，你们的沟通才有可能为彼此带来价值，你们的立场才能够开始接近和融合。

事情就是这么奇妙：越想改变，越改变不了；越想遗忘，越记得清楚；越想挑衅和教训对方一下，对方的防御机制反而越牢固。大风吹不掉人头顶的帽子，而太阳却可以轻易让人主动摘下帽子。

因此，认知共识的达成，依赖于彼此的共情体验。认知共识的达成，并不是为了真理本身，而是为了更好地服务于彼此的情感体验，因为人比真理重要，体验比说教重要。

我们经常喜欢说“珍惜”，可我们真的珍惜了吗？你有没有假设过永远失去他？当你们此生永别，你还会像刚才那样对待他吗？你还会那么固执于自己的感受，而不去询问他是否开心吗？你确定自己不是最后一面见他吗？你知道他何时离去，而他离去后你将面对什么样的缅怀吗？当上述假设真的发生的那一刻，你会不会后悔自己少说了千百遍你爱他呢？你还会不会把其他的利益凌驾于他的情感体验之上呢？你会不会更加温柔一些，主动捍卫他的情感体验呢？

希望你的答案是：你愿意温柔以待。

请把自己的个人情绪管理好，不要因为对方离你最近，就认为他有义务承受你的迁怒。还是那句话，请你描述问题。你可以说，“我今天因为什么事情，所以心情不好”，但不要把情绪发泄在对方身上，这样对对方是不公平的，没有人喜欢跟一个疯子或者爆仗在一起生活。

不要事事争论，让对方感觉你随时拿眼睛盯着他、试图评价他。如果你非常了解他，看透了他的一切，请不要以“我这人很直”为理由去宣泄口舌之快。不要总把对方的短处拎出来羞辱他，甚至为了羞辱他而不惜夸大其词，不惜拿出陈年旧事，不惜用其他人的长处来比较他的短处。不要把自己的优越感建立在贬损对方的基础上，因为他最终是不会配合的。

要做到“无条件关注”。首先，要让对方感觉你是关注他的。其次，要让对方感觉，不管发生什么事情，你都是无条件关注他的，而不是功利性、选择性关注他的，你是世界上不管怎样都在乎他、不放弃他的那几个人之一。比如，不要以孩子的学习成绩为标准，去选择性地爱他，否则你就培养了一个患得患失的孩子。无条件地关注，对方才能够真的感受到你的爱护。

与此同时，要明确什么是良性循环的无条件关注。其标准要考虑两点：第一是自己的心理承受范围，第二是对方的实际体验。换句话说，你最好不要透支自己的心理承受能力，做出过分的自我牺牲式付出，否则这笔账记下了，你会默默地计算回报率，如果对方的回报比你想象的少，你就会产生抱怨，“我为你付出了这么多，你却辜负我”。因此，要在自己的能力范围内，在自己举手之劳的情况下给予对方关注，这样你是心甘情愿、不抱怨、不算账的。我们的关注效果怎么样，要看对方实际接收到了什么。如果你表达的信息被对方顺利、完整地接收，那么这个无条件关注的过程才算较好地完成了。

否则，你自认为付出了十分心力，而对方不仅一分也没接收到，还觉得被你打扰了。这要么是因为你的表达方式不准确，信息在传递过程中发生了误解，要么是因为你并没有搞清楚对方的真实需求，把“你认为”他的需求当作了真实。

很多人说自己不会表达爱，其实这件事情未必如你想象的那么黏腻，表达爱的最好方式就是表示关注。比如，你看到了他最近的变化，可以在聊天时温柔地说出来：“我觉得你最近压力好像有点大。”“我觉得你眼睛好像有点肿，是哭了吗？”“我觉得你最近瘦了，你自己有感觉吗？”“你有一根白头发，要不要我给你拽下来？”“我觉得你化完妆和不化妆的时候感觉不大一样。”这些例子看起来是不是很容易做到？观察对方，然后跟对方互动，但不要让对方感觉难堪，而是让对方感觉温柔。这就是爱的表达。

要平等相处。一般来说，不要试图把自己的人格凌驾于对方之上，试图以此来寻求优越感；也不要过分神化对方，将对方的人格凌驾于自己之上，试图以此来表达对对方的无上重视，以及满足自己的自卑感。这两种状态一般都不会很持久，总会因为低姿态一方的自卑感爆发而打破平衡。

人格的平等意味着双方都要心存敬畏，不要肆意伤害对方的人格尊严和感情。能够一时这样思考似乎很容易，但是只有在内心中时刻绷紧这根弦才是真的做到了。生活中要警惕一种人，他会一边否定你的价值，一边做出拯救你的姿态；一边亲手把你推入万丈深渊，一边伸出胳膊告诉你，即便你如此不堪，他依然愿意接纳你，唯有他才愿意给你改过自新的机会。须知人的价值体系是在成长过程中一点点形成的，这个过程大多是无意识的，而不是在有意识的清醒觉察下刻意建立的。比如，父母的互动习惯无形中影响了你的人际认知，你之所以被影响也恰恰是因为你没有能力去觉察，更没有能力进行理性加工，而是不知不觉受到这个环境影响的结果。从这个意义上说，意识其实是没法思考潜意识的内容的。不管你以前多么自尊和骄傲，当突然有一天，有人像上帝般对你下了一个定论，你突然对自己感觉很陌生，以为他告诉你的是真理，这时你的自我认知开始被扰乱。如果你掉进了他给你设的思维陷阱，你就会觉得自己竟然如此不堪，以为自己之前的高傲全是假象，从而产生强烈的自我怀疑。2019

年10月，北京大学法学院女生包丽（化名）被男朋友牟某精神控制而轻生的案例，就是上述机制导致的，尽管男方并不认为自己是在故意实施精神控制。

这类事情，在爱情、亲情互动中很常见，只是程度或轻或重。很多人在故意或非故意的情况下，用自己的强势“理性”来摧毁对方的自尊，使对方真的成为一个很自卑的人，甚至真的变得很差。比如，那些被自己的父母骂“笨蛋”“丢人”“没用”的青少年，有一部分跳出了父母的诅咒，反而奋发图强成就了自己（尽管有成就之后也还是带着很深的自卑），但也有很多孩子在这种诅咒中真的堕落了，父母的“预言”成为现实。很多女孩在爱情中堕落也是这个原因，明明不错的女孩，配了一个渣男，渣男把女孩变成“渣女”，然后女孩就和渣男在一起了。

初中生的家长要注意抓紧时间给女孩做性教育了，现在的初中生在性方面的早熟程度和面临的危险，超出人们的想象。我们只能提醒家长两个字：赶快！

回归到亲子教育话题。教育，在潜移默化的榜样式实践中，在探讨式的平等交流中。有的父母会有这样的疑问：“难道我跟孩子也要人格平等吗？我是他老子，他不是应该听我的吗？”如果秉持这样的理念，那么等孩子到了青春期，再看看他是否还愿意配合。父母如果总是端着土皇帝的权威架子，孩子就会觉得自己的人格受到了忽视或者贬损，觉得父母完全不相信他。父母与孩子之间，也应当是人格平等、坦诚互动的。这种人格平等，不是说不去做价值引领，不是说纵容对方的感官选择，而是要在一来一往的坦诚对话中，在对世界和人的好奇中，引领他去发现这个世界的规则，鼓励他的好奇心和求知欲，让他期待在一步步的学习中成为更好的自己。生活中，要在安全范围内给孩子适当的选择权，同时训练孩子为自己的选择负责。这才是对孩子的人格的认同，才能使孩子成长为一个有判断力、选择能力、负责能力的人。如果父母既不培养孩子的判断力，又不给他选择权，还不愿意让他为自己的言行负责，而是父母全盘善后，那么这会毁了一个孩子，因为他完全不知道人类社会的规则究竟是什么，极容易触犯他人的底线而不自知。

因此，在亲子关系中，一定要注意平等关系。这种人格平等给孩子带来的尊严感，以及在此基础上的感动，是推动他愿意与父母保持信息开放的原因。父母要知道一点，如果你的孩子还在试图跟你争论，那证明他还没有放弃对你的信任。

第三，共识以外的空间地带，请归还给彼此。再亲密的关系，也不可能在所有事情上都合拍，不可能在所有事情上都能达成共识。很多人太喜欢亲密无间了，不给对方留一点喘息空间，总希望彼此能够亲密亲密更亲密。这样导致了什么问题呢？导致了当一方想要一点自我喘息的空间时，另一方却不给，反而开始质疑对方是不是不爱自己了；导致两个人被过分捆绑在一起，亲昵是有了，可是做事效率极低，从而心生烦躁和怨恨；导致双方以为消灭分歧才是真正的亲密，不仅不接受分歧的存在，还非要在分歧点上艰难地寻求共识。

共识不应当是关系的全部，也不应当是生活的大部。你不能为了体验共识的喜悦感而不择手段，不惜耍小孩子脾气来否定对方独立人格的价值，陷入自我中心式的盲目狂欢模式，还以为对方也很喜欢你的任性，愿意无条件地永远满足你的无理要求而毫无怨言。

请先问自己一句："凭什么？"

实际上，对共识的过度期待是不合理的。本来已经很亲密的两个人，往往因为无法满足"更进一步亲密"的愿望，而干脆在失望中彻底否定这段关系，甚至否定已经达成的亲密共识。这是非常遗憾的，它混淆了"共识"和"共识之外的空间"，很多情侣分手的一个重要原因就在于此。

实际上，当你们发现分歧点的时候，那么恭喜，你已经站在了你们共识领土的边界上。在这个模糊地带，你们或许可以通过沟通来扩展共识版图，或许在沟通之后更加确定了彼此的能力极限，确定这是你们之间真正的不同。这时候你们应该做的，是对自己说："哦！我知道了，原来这就是我们共识的边界，这就是我要允许他的自我存在的那个地带。"

二、自我意识：契约精神达成的前提

共识之外的那部分，指的就是人的自我意识。其实在共识范围内，自我意识并没有消失，只是因为彼此观念的重合而让人忽视了它的个性化存在而已。

评价一段关系好不好，不仅要看他们的共识度，还要看他们是否懂得尊重彼此的差异化自我。对差异的尊重，是契约精神的灵魂，而达成这种尊重，个体首先要做的，就是建立良好的自我意识。一个自我意识不够健全的人，很难谈尊重，要么太过了，要么就太欠了。

如果说契约精神是关于如何善待他人，那么良好的自我意识就是如何处理与自己的关系。知道自己是谁，知道自己的边界，管理好自己，才能知道他人是谁，知道他人的边界，才能真正做到与他人良性互动，才能真正使亲密关系处于活性增长状态，才能把爱经营成可再生资源。

（一）何为自我意识

自我意识，即人对自己的觉察和意识，包含自我认知、自我体验、自我控制三个层面。

自我认知，即你觉得你是谁。它不等同于你的客观情况，纯粹的“客观”信息对人没有太大意义，只有你对“客观”信息的主观加工和认识，才能构成你的行为的真正推动力；它也不等同于别人眼中的你，因为别人看问题的方式有千万种，我们可以用来参照，但无法代替我们自己的认识。归根结底，自我认知是你自己眼中的你。自我认知是不断成熟和完善的，甚至我们一生都是在追求“我是谁”这个问题的最佳答案。

自我体验，指的是你对自己的满意度。如果你对自己比较满意，就会产生自信、自尊、自爱等体验；如果你对自己比较不满意，就会产生自卑、自负等体验。适度的不满意，会推动一个人成为更好的自己，而过度的不满意则会阻碍一个人潜力的发挥。同样，自我满意度反映的是一个人对自己的主观态度。

自我控制，指的是你以一定的标准所做的自我调整、自我管理，属于一个人的理性认知层面。这种参照标准往往是你内心的那个理想自我。也就是说，你觉得你应该是什么样子，你就会将自己的言行塑造成什么样子，使你在他人眼里的形象符合你内在的理想自我。内外形象的表里如一使人愉悦，而表里不一则使人不舒服。

人的自我意识的成长需要一个漫长的过程。婴儿期，他的原始基本需求采取本能的情绪化表达；一岁左右，通过吃手等方式，去确认他的身体边界；三岁时，在所有权和自我意识两方面达到第一个小高峰，这一年，他好像突然变得“自私”和“叛逆”，什么都是“我的”，越让他做什么他越“不要”，越不让他做什么他“偏要”；四岁开始，他好像突然豁达起来，对外界更友好了，开始愿意让渡自己的一部分利益来帮自己更好地融入其他小朋友中间；小学阶段，求知欲稳步增长，知识丰富，思维活跃；青春期，开始进入自我意识爆棚的大高峰，随着身体的成熟，他开始更愿意让别人承认他是一个有思想、有真实情感、孤独而渴望交流的独立的人，如果父母还拿他当小孩子，这不放心那不放心，他会非常反感，但他最不能接受的是，父母甚至不给他表达的机会，对他的观点不屑一顾，这对他的自信来说是致命打击。亲子之间长期存在的矛盾，在青春期开始通过争吵、沉默、远离等各种方式集中表现出来。

当然，并不是所有的家庭都会出现这样明显的问题，只有一直以来互动模式有问题的家庭才会出现这样的问题。矛盾的发生逼迫父母重新审视自己的孩子，重新审视自己对待孩子的方式，父母的积极调整可以帮助孩子更好地度过这段剧烈成长期。

如果这个阶段的矛盾没有得到专业的解决，比如，父母依然没有意识到自己的问题，而是全部怪罪于孩子，那么孩子的心理问题会作为惯性积累遗留下来，尽管他也会在成年后的社会交往中不断尝试进行自我调适，但效果甚微。因为缺乏来自父母的良好社交模式的榜样作参照，所以他的社会性一般来说是欠缺的，需要走很多弯路、受很多委屈才能够对自己做出一点点调整。这个阶段其实他是需要专业心理咨询的，尤其是遇到人生重大选择的时候，否则他在很多事情上的判断是缺乏正确标准的。

婚姻是一个人自我意识的又一次调整契机。和谐、温情、坦诚、厚重的伴侣关系，可以非常好地修复一个人内心的旧伤——关系治疗关系；而冲突、忽视、冷漠、缺乏共情的伴侣关系，则会使人伤上加伤、彻底崩溃，继而引发其他问题。逼迫自己直面婚姻中的问题，思考自己的不足，而不是逃避，才是对自己的又一层提升。

然而，不管一个人的外在关系如何，当他终于能够独立发现自己的真实价值时，他内心所有的伤痛，也都开始获得了疗愈。对于很久以来的爱的缺失，他也终于能够试着放下和原谅。

（二）你与他人的边界

其实，儿童在三岁的时候，就已经开始表达“我的”所有权概念。比如，身体是我的，玩具是我的，爸爸妈妈是我的，等等。不过，他的这种边界感，是情绪化的、膨胀的，而不是理性基础上的社会化。他需要大人的引导，才能正确理解哪些是“我的”，同时正确理解哪些不是“我的”，而是别人的。

在后续不断的社会交往中，他也在不断探索和矫正自己对人格边界的认知。良好的边界意识，几乎决定了他未来的所有社交品质，以及在此基础上他的自尊满足感。

什么是人格边界呢？人格边界就是关系双方各自的心理舒适区之间的界限，反映了社会交往的最佳距离。确定这个界限的标准也很简单，那就是人的主观舒适体验。在不同的文化背景下，或者不同的人在不同的境遇下，都会有一定的差异。因此，在现象层面，它并不是一个绝对不变的值。

一般来说，它确实有一些相对客观、稳定的共性存在。比如，身体距离、隐私、性格、能力、钱财、性取向、家庭出身、过去的经历、人格尊严，等等，那些明显打着你的烙印、归属于你的东西，都是你边界内的东西，都值得被尊重，别人无权干涉，无权贬损。

然而在生活中，我们经常见到那种粗暴的越界干涉——以爱之名。在之前的篇幅中，我们已经对此做了大量论述，在此不再赘述。长期以来，我们太喜欢混淆事情的边界和人格的边界了。当然，拥有良好边界意识的人也同样非常多。我想提一个大家都熟悉的人，她的边界意识堪称优秀，这个人就是歌手王菲。

当记者质疑她短头发为什么还要代言洗发水时，她回敬道："短头发就不用洗头了吗？"在她离婚后，有记者问她，要给窦靖童找一个什么样的爸爸，她说："我不需要给她找爸爸，她有爸爸。"当她拿到音乐奖项，发表获奖感言时，她开心而又羞涩地说："我会唱歌，这件事我知道，我对组委会对我的认可表示认可。"类似的事情，我们还可以列出很多。特立独行的王菲，活得非常有自我：她尊重自己的人生，也尊重孩子的人生；她完全没有讨好型人格，活得非常有尊严；她靠本事吃饭，敢于捍卫自己；她做自己，而又不攻击他人。刘嘉玲说，甚至在王菲最不开心的时候，约她喝咖啡，她也只是全程沉默，而不会说任何人的不好。当然，该回击的时候她就会回击，除此之外，没有什么客套话好说，就像她在演唱会上可以一句话都不说一样。因为，她说："我最害怕的就是做作，只要一做作，我就不舒服，观众也跟着不舒服。"

边界内的东西是有底线的，我们的底线往往是我们最亲密的人，比如，父母、孩子、爱人。如果你引发了他人的攻击性，或者抗拒行为，往往是因为你碰到了对方的底线。而关系的绝交，更是因为一再侵犯对方的底线所致。

吵架是对边界内的尊严底线进行激烈捍卫，如果回归陌生人，可以让这种伤害停止，那么你们的亲密关系也就面临结束。在爱情中，很多所谓的"不适合"，其实只是不明白一个道理——你再爱一个人，你们之间也是有边界的，你在别人的领地上就别放肆了。你以为放肆撒泼是在宣示主权，但实际上，领地的主人是有权请你出去的。

同样，如果你发现别人总是喜欢挑战你的底线，那说明你潜意识中给了他们许可——你过分忍让了。如果能够礼貌而坚定地说"不"，那便是自我意识很棒的表现。敢于及时拒绝，对别人和自己而言都是负责任的。

一直以来，我们的很多理念、很多想法，都是不合适的，因为大家都在冒着挑起边界战争的风险，在别人的领地上放肆撒野。比如谈恋爱，觉得必须干预他的衣食住行才叫关心，必须疯狂地吵起来才叫爱；看见邻居妈妈抱着小孩，一定要一惊一乍地问"哎哟！你怎么给孩子穿这么少！别冻着啊！"才算关心；传统的酒场上，非要把客人喝吐了才算喝好了；养女儿的父母，青春期不好意思给孩子做性教育，大学期间不允许女儿谈恋爱，大学毕业又马上开始催婚，催完结婚催生孩子，催完一胎催二胎，父母那着急忙慌的心永远都在焦虑，却没有把孩子该知道的东西传递清楚；对于子女来说，既然父母那么想让我生孩子，那父母来看孩子也就成了必然的义务，如果父母看不好孩子、做不好饭、不能让子女顺心，那就成了不合格的父母……生活中，大家都觉得自己付出了很多，都觉得自己很委屈，都觉得自己应该被理解，都觉得对方没有体谅自己。可是，回头看看，我们的矛盾不都是自找的吗？我们越过了边界来表达关心，将自己的意志强加给对方——以爱之名。然而，你必然要为自己的越界负相应的责任，结果到最后，反而容易闹得谁都不开心。

不开心，就是最大的事。人和人之间，图的就是一种互动体验。边界的标准就是体验——他人的体验，自己的体验。从这个意义上来说，体验是神圣的，不良的互动体验值得引起每个人反思。体验本身就是价值。

体验是平等的，没有三六九等，众生的体验都是值得敬畏的，哪怕是一只小蚂蚁。很多人遇到事情喜欢临时抱佛脚，却不注重平时的修行，须知平时就应当有一颗敬畏心，关键时刻道义才会站在你这边。做一回人不容易，不要滥用手里的权力。生活中，很多人非常看不起小孩子，说他们这不行那不行，这不会那不会，仗着小孩子胆小，就用恐吓的方式控制他们，用欺骗的方式糊弄他们。而实际上呢，小孩子的眼睛是最亮的，他们对于是非的判断本能是最强的，大人自以为经历了很多，殊不知大人的眼睛已经被浑浊蒙蔽，未必比一个天真的孩子懂得多。谁是谁的老师呢？

不尊重对方的感受，会怎么样呢？对方会启动心理防御机制。也就是说，他会想尽一切办法来保护自己的心理不受伤害。有一些青春期的孩子叛逆，就是对父母的过分防御所致。优秀的父母，会注意尽量不去触发孩子的防御本能，而是跟随孩子的情绪体验，并且足够耐心地与孩子建立和平对话、理性对话的习惯。

既然体验本身就是价值，那么是不是体验高于一切呢？当然不是这个意思。比如，如果孩子学习不开心，难道你就要让他放弃学习吗？成长本来就不是一帆风顺的。如果孩子做一件事情非常不开心，大多数情况下，我们要考虑一下，是不是我们的方法出了问题，而不是考虑放弃这件事。父母的价值，就是陪着孩子成长，就是想办法让孩子更加顺利地完成成长过程。然而在生活中，我们经常听说那种态度很恶劣的父母，孩子一旦做错点事情，或者学习遇到困难，他们就开始侮辱孩子的人格，不是骂孩子笨，就是忌妒别人家孩子聪明。这样的父母，但凡拿出几分心思来想一想自己能为孩子做点什么，也不至于让自己的孩子暗地里把他们和别人家的父母相比较。

再举一个例子，朋友家的孩子，能弹一手好钢琴，曾在各种比赛中获奖，是学校里的风云人物。然而，就因为孩子的妈妈喜欢体罚孩子（弹错了用皮带狠狠地抽），最终导致孩子对弹钢琴产生了严重的恐惧情绪，一看到钢琴就吓得直哭。最终，这位妈妈不得不重视孩子的情绪问题，但遗憾的是，她没有意识到是自己的教育方法错了，而是以为弹钢琴这件事错了。于是她让孩子放弃了钢琴，可问题是孩子的文化课没有跟上，心理问题也没有得到解决，导致最后一事无成。

因此，体验本身就是价值，它是其他价值的基础。

讨论了这么多，总结一下，什么是良好的自我意识呢？良好的自我意识就是适度的边界感，包括边界内的自我充实感、自我安全感，以及边界外对他人的敬畏感。同时，自我同一性良好，即在任何情境下，自我都是同一个人，而不是陷入自我同一性混乱。比如，撒谎的习惯、表演型人格、讨好型人格，都是常见的自我同一性混乱的表现。为了培养孩子的自我同一性，父母的价值体系最好是大体一致的，否则孩子会陷入无所适从的境地。比如，一个允许孩子考试作弊，一个不允许，那么孩子会陷入价值混乱，导致将来的讨好和说谎行为，而最关键的是，这会影响他的诚信。

（三）自我安全感

虽然我们一直在谈如何爱他人，但还有一个重要的课题，那就是如何爱自己。如果说爱他人的方法是尊重他人的人格边界，那么爱自己就意味着爱护和尊重自己的人格边界。

成年人内心应当有一种意识，那就是要为自己的安全感负主要责任，而不是一味推脱和怪罪他人。就算他人没有如上述我们所说的那样去对待你，那么一个成熟的人首先应当考虑的是，他为什么会那样对待我？是不是我的边界信息传递得不清楚？

我们常说一句话，除了你自己，没有人能伤害你。同样，除了你自己，没人能给你深刻的安全感。如果抛却一切外物，只剩下你自己，你有多大信心去重建一切呢？这就是我们的自我安全感。

不管外界环境如何变换和不确定，我们内心对于“我是谁”都应当是比较确定的。或者说，我们只有把注意力放在那些确定的部分上，才能体验到更多的安全感。当我们体验到更多的安全感，就不容易恐慌或抑郁。

我喜欢美剧女主角在关键时刻站出来时说的一句话：“This is who I am.”意思是，“这事我擅长”“我就是干这个的”“这就是我”。是的，这就是我，我的独特能力成就了我的人生价值，让我觉得自己活过，就算为这事付出再多我也心甘情愿。我们的专业能力和成就，是我们内心最大的确定性，几乎占据了“我是谁”这个问题的答案的最大权重，因为只有你的专业技能是别人带不走的，它直接创造价值，并不断增值，你因此能够对公共社会施加影响力，这是他人发自内心需要你、敬重你的原因。

虽然哲学家康德最后躺在病榻上，对他的学生们感慨，“如果我的三本书，是我的三个孩子，该多好”，但毕竟他没有这样选择，即使人生再重来一遍，他还是不会这样选择。情感是有些人的短板和软肋，而事业最终成就了他，他在自己的能力范围内，影响了无数人。他因此得以被所有人记住。

情感是锦上添花的东西。如果你觉得情感能够给你安全感，那一定是建立在你的事业这个前提下。没有发挥自己事业潜力的人，就像无本之木，往往是没有安全感的，外在的情感只能让其更加害怕失去。只有在事业中找到了自己，才能与志同道合的人建立安全型的依恋关系。

安全感的终极衡量标准，是面对死亡这件事是否比较坦然和理性。就像心理学家弗洛伊德所说，人生最根本的焦虑是死亡焦虑，最考验一个人的也无非是这件事，其他所有的焦虑都是死亡焦虑的变形和具体表现。能够对抗死亡焦虑的，是人的生本能，生本能归根结底是爱——爱你的专业领域，或者去爱人。爱让我们忘记一切焦虑，给我们足够的能量和勇气。因此，当一个人投入到自己热爱的事业中时，真的能治愈内心的不确定感。这是本能的升华，也是人性中光辉的东西。

演员袁立在访谈节目中说："可能我是更愿意去爱某个人群的那种人，而不是爱某一个人或者某几个人。"相比于人性自私论，我更相信人的本能是爱。很多人做出或大或小的慈善行为，其动力往往是内心的善念。对生命的博爱是一个人内心坦然的标志，这意味着给予，就像宇宙的白洞。事实证明，越是愿意给予，越是能够真的放下和原谅。

那些试图通过外物和他人来填补内心空缺的行为，最终都是无效的。不管是沉迷于游戏、短视频，还是性行为，你都会发现，你并不会获得什么，你只是暂时释放了焦虑，仅此而已。感官快乐只是人最低层的需要，过分的感官刺激只能让你觉得更加空虚，你并不会从中找到自己。

生活中，有的人沉迷于复杂的电子游戏，甚至两口子或爷俩儿就是游戏队友，每天大部分的话题除了吃饭、睡觉，就是游戏。这样的人，基本可以断定，他们内心没有什么安全感可言，他们之间也没有真正的亲密可言。

钱财本身甚至也无法满足人心，除非你把它变成了其他价值。电影《西虹市首富》中有句台词："钱是冰冷的，爱人的手是温暖的。"钱是这个世界的交换物，可以增加我们的安全感，让我们有更多能力去探索世界，但你挣钱越多，就越难满足。那些富人们甚至根本不知道银行卡里有多少钱，对他们来说，钱只是一个冰冷的数字。

让社会听见你的声音，在一定的领域内成就自己。那些真正让你感觉沉甸甸的意义，让你不恐慌、不空虚，让你满足的事情，大多跟人的社会价值有关。这促使我们依靠自己的德行、角色、成就和爱，给社会带来真正的益处，而不是碌碌无为地沉沦，也不是明哲保身，更不是对他人有害。心理学称之为自我实现，之后我们获得的是高峰体验，以及清净之心。做到了这些，你会觉得你值了，觉得这辈子没白来，就算再多给你多少年，你也无怨无悔。这是人能够真正满足和不惧怕的原因。我们之所以还在迷惑人生的意义，无非是我们自己还不够满足，还没有活够罢了，我们在意的根本不是生命的长度，而是生命的质量。也就是说，你是否觉得已经活回本钱，没有太大遗憾。如果你觉得自己的收获已经足够大了，物超所值，就算再给你二百年，你也没有更多创造，那么你就会真正坦然，真正化解生命中的焦虑。

享受独处，创造自己。我特别敬佩那种凭着热爱、悟性和专注，坚持在某一行业持续深耕的人。我有一位朋友，从小酷爱读书，曾经在村外的树林里挖了一个洞，用来收藏自己的书。白天，他偷偷跑出来，坐在大树下读书。长大后，他凭着微薄的工资奋战在三尺讲台，每一次讲稿都认真准备，每一句话都引人深思，看似简单的 45 分钟，背后凝聚的是他脑子里读过的一本本人文社科巨著，红笔、铅笔密密麻麻的批注，被翻得松散的书页。我问他，你老读这种严肃的学术著作，不累吗？他说，没办法，他太爱科研了，注定为之奋斗一生吧！十年后，他将成为谁，我不敢妄言，我只能说，这样的人，会凭借一颗真心，对社会产生真正的影响力，他本人也会因此而觉得不枉此生。

三百六十行，人们做着各种各样的工作，既是谋生，也在无形中影响着他人。这其中最重要的是，你是否对生活走心了。走心，意味着敢于触摸自己的良心，把手放在心脏的位置来决定自己的行为，意味着坦荡、负责、坦然，意味着问心无愧，意味着对其他生命的善念。感谢我的父母，赋予我同他们一样善良的心，他们是我的榜样，润物细无声。在我印象中，他们从来不曾因一己私利做决定，他们眼中从来都不是只有自己，而是更悲悯他人。我愿意终生捍卫内心这份悲悯的善念。人生很短，我也曾经非常怕死，像很多人一样。可是，当我感受到我的内心时，厚重的生命蕴含的无私，使我感动不已。那种感动，就像小时候，我躺在田野的麦地里，仰望天空时看到的那种通透、清澈。我曾经伸手试图触摸那蓝色，它似乎很远，又似乎很近，我不确定我是否碰到了它，但我想，它应该不远。

父亲告诉我，不管做什么工作，都要敬业、专注。后来，我做了十年大学老师，真心对待每一个学生，因为我发现，当我真心对待他人时，我自己也是快乐的。很多时候，我们之所以能影响他人，除了专业技术，同样重要的是，你作为一个人的活生生的温度。你真的接纳他人，你真的爱他人，你真的爱这个世界，你的眼睛里真的有善良，你才能够真的让他人感受到力量。走心，是最大的善念。

有一天，我跟七岁的儿子一起散步，他问我：“妈妈，我如何才能够不怕死呢？”

我回答：“过好当下的每一天。”